Counter Strategies im globalen Wettbewerb

Olaf Plötner

Counter Strategies im globalen Wettbewerb

Dr. Olaf Plötner
European School of Management
    and Technology (ESMT)
Customized Solutions
Berlin, Deutschland

Ursprünglich erschienen in Englisch mit Titel "Counter Strategies in Global Markets" bei
Palgrave Macmillan © 2011

ISBN 978-3-642-28137-2   ISBN 978-3-642-28138-9 (eBook)
DOI 10.1007/978-3-642-28138-9

Die Deutsche Nationalbibliothek verzeichnet diese Publikation in der Deutschen Nationalbibliografie;
detaillierte bibliografische Daten sind im Internet über http://dnb.d-nb.de abrufbar.

Springer Gabler

Gedruckt auf säurefreiem und chlorfrei gebleichtem Papier

Springer Gabler ist eine Marke von Springer DE.
Springer DE ist Teil der Fachverlagsgruppe Springer Science+Business Media
www.springer-gabler.de

Vorwort

Die Welt verändert sich rasant. Politische Umschwünge ziehen die Neuordnung wirtschaftlicher Kräfteverhältnisse nach sich. Sie wird von unerwarteten Finanzkrisen und Wachstumsschüben begleitet. Entdeckungen und Innovationen befeuern den Wettbewerb und beeinflussen die bisherige soziale Ordnung. Neue Medien verändern sowohl die Weltsicht wie auch das Selbstverständnis der Menschen, teilweise sogar ihr Vokabular.

Das klingt nach unserer Weltlage, doch tatsächlich soll hier die Rede von der ersten Hälfte des 16. Jahrhunderts sein. Damals, nach der Entdeckung Amerikas, wurde der südliche Teil des Kontinents von Spaniern und Portugiesen erobert, die jahrhundertealte Kulturen wie das Inkareich zerstörten. Das gerade entdeckte Schießpulver und die erbeuteten Gold- und Silberschätze aus den neuen Territorien nutzte Kaiser Karl V., um in Kriegen gegen Frankreich und das Osmanische Reich die Vorherrschaft in Europa zu erkämpfen. Finanziert wurde seine Kaiserwahl hauptsächlich von den Fuggern, emporgekommenen Kaufleuten, die ähnlich wie die Medici in Italien dank ihrer Finanzkraft politischen Einfluss ausübten. Allerdings konnte auch ihr Wirken nicht verhindern, dass es in diesen Jahrzehnten zu der ersten bekannten Inflationskrise Europas kam. Parallel dazu gewann die Reformation an Einfluss und änderte die sozialen Ordnungssysteme in Ländern, die bislang Anhänger der katholischen Kirche gewesen waren. Der Ausgangspunkt war die Lehre Martin Luthers, der durch seine Bibelübersetzung ins Deutsche neuen, weniger gebildeten gesellschaftlichen Schichten Zugang zu den Dogmen der herrschenden Glaubenslehre verschaffte. Die technische Grundlage dazu stellte der Buchdruck dar, der zu dieser Zeit zwar bereits in China erfunden worden war, aber in Europa erst durch Johannes Gutenberg auf breiter gesellschaftlicher Basis genutzt wurde. Auch das herrschende Weltverständnis wurde zu der Zeit in Frage gestellt. Das geschah 1543 durch

Nikolaus Kopernikus und sein Werk *De Revolutionibus Orbium Co-
elestium* (Über die Umschwünge der himmlischen Kreise), in dem er
nachwies, dass die Erde sich um die Sonne dreht und nicht umgekehrt
und diese Erde im Universum eher einen Nebenschauplatz darstellt.

Aber ebenso hätten wir im ersten Absatz vom Ende des 19. Jahrhunderts sprechen können, als die Vereinigten Staaten den einwandern-
den Europäern die Möglichkeit zum wirtschaftlichen und sozialen
Aufstieg boten und die industriellen Erfindungen und Entwicklungen
die USA in wenigen Dekaden zur ernst zu nehmenden Wirtschaftsmacht machten. Parallel dazu verblasste die Dominanz Europas nach
und nach, insbesondere die politische Führungsrolle Großbritanniens
wurde langsam schwächer. Zuvor hatten auf dem europäischen Kon-
tinent zahllose Innovationen zur Industriellen Revolution geführt. Die
Erfindung des Dampfschiffes und der Eisenbahn beschleunigten den
internationalen Handel; Telefon und Telegraf änderten das Kommuni-
kationsverhalten der Menschen. Erstmals entstanden in den Industrieländern Großstädte bisher unbekannten Ausmaßes; Karl Marx fand
zunehmend Anhänger für seine Idee, die Arbeiterschaft an den politischen Entscheidungsprozessen zu beteiligen.

Und natürlich kann man die obigen Sätze auch auf unsere Zeit
beziehen: auf die Wende im ehemaligen Ostblock und dem vor-
mals kommunistischen China. Auf den wirtschaftlichen Aufstieg der
BRIC-Staaten, die letzte Bankenkrise und die globalisierten Finanz-
märkte. Auf den zunehmenden gesellschaftspolitischen Einfluss des
Internets und die weltweite Verbreitung der englischen Sprache. Auf
die Erfindungen der Nanotechnologie, die neuesten Entwicklungen in
der Genforschung und die zunehmende gesellschaftliche Bedeutung
des Umweltschutzes.

Die Parallelen zur Vergangenheit sollen vor allem zwei Gedanken betonen. Erstens gibt es keinen rationalen Grund dafür, dass eine
Epoche sich als einzigartig empfindet. Klagen, heutzutage sei alles
schwieriger, unübersichtlicher, fremder und temporeicher als früher,
verkennen sowohl die Herausforderungen vergangener Generationen
wie auch die Probleme der Zukunft. Zweitens sollten sich insbesondere die Akteure in der Wirtschaft vergegenwärtigen, dass die heute
stattfindenden Veränderungen konkrete Auswirkungen auf ihren Erfolg haben werden. Wer sie ignoriert oder nicht erfasst, schwächt sich
unwiderruflich.

Dieses Buch handelt von derzeitigen Veränderungen und den Optionen, auf sie zu reagieren. Im Mittelpunkt steht ein winziger Ausschnitt der aktuellen Entwicklungen, nämlich die Veränderungen der Wettbewerbsstrukturen auf globalen, technologiegeprägten Märkten und die wettbewerbsstrategischen Möglichkeiten von Unternehmen, mit diesen Veränderungen umzugehen. Allerdings basieren die Ausführungen nicht nur auf meinen Forschungsergebnissen, sondern darüber hinaus auf Gesprächen mit Managern, die mir Einblick in ihre Unternehmen und Sicht der Dinge gegeben haben. Von den über hundert Interviews, die ich mit ihnen in den vergangenen drei Jahren geführt habe, waren einige besonders intensiv und fruchtbar. Deshalb geht mein herzlicher Dank an Marc Beckmann, Roman Bilmayer, Hildemar Böhm, Mei-Wei Cheng, Markus Dohm, Friedrich Hecker, Jörg Herrmann, Bernhard Kohl, Carsten Liesener, Theo Maas, Sunil Mathur, Johannes Milde, Tom Miller, Hartmut Müller, Joachim Schönbeck, Hans-Jürgen Thaus und Felix Wagner. Für zahlreiche fachliche Ratschläge möchte ich mich ebenso herzlich bei meinen Hochschulkollegen Mario Rese, Martin Kupp und Michael Ehret sowie bei meinen langjährigen akademische Mentoren Derek Abell und Robert Spekman bedanken. Für die Textredaktion gilt mein besonderer Dank Gabriele Weber-Jarić und Carlos Westerkamp; für die sorgfältige Betreuung der grafischen Arbeiten danke ich Inka Warscheid. Schließlich möchte ich mich bei Eva, meiner Frau, bedanken, die mein Schreiben auch an schwierigen Tagen mit Verständnis, Zuspruch und guter Laune begleitet hat.

Dezember 2011 Olaf Plötner

Inhalt

Abbildungsverzeichnis

Der Neue Wettbewerb 1

1.1 ZPMC

Im November 1992 wurde die Shanghai Port Machinery Company (ZPMC) gegründet. Initiator war der 59-jährige Guan Tongxian, der das Unternehmen bis 2010 leitete. ZPMC wollte sich im Markt für Containerkräne in Hafenanlagen etablieren, einer Branche, die traditionell von europäischen Unternehmen wie Liebherr, Demag und einigen nordamerikanischen und japanischen Anbietern dominiert wurde. Neun Jahre nach der Gründung hatte das chinesische Unternehmen in diesem Geschäft weltweit die Position des Marktführers erreicht; 2007 wurde der Marktanteil der ZPMC bereits auf über 75 % geschätzt. Zudem hatte das Unternehmen Profite erwirtschaftet, die über dem Branchenniveau lagen. Erst in den Krisenjahren 2009/2010 konnten diese auch von ZPMC nicht mehr gehalten werden. Da das Unternehmen seit seiner Gründung an der Börse in Shanghai gelistet ist, sind seine Zahlen öffentlich zugänglich. Allerdings ist der Haupteigentümer der Aktiengesellschaft – über den Umweg entsprechender Fondsgesellschaften – der chinesische Staat. Mit der Gründung der ZPMC wollte die chinesische Regierung ihr Programm *Revitalizing the Great China* stärken. Angesichts des zunehmenden internationalen Warenaustauschs, der zu großen Teilen über den Schiffsverkehr abgewickelt wird, sahen die Wachstumschancen in dieser Industrie vielversprechend aus.

Am Anfang der Unternehmensgründung standen zahlreiche Besuche der ZPMC-Verantwortlichen in den Häfen dieser Welt. Die Delegationen wollten die Anlagen, Prozesse und Probleme ihrer künftigen Kunden studieren. Im Übrigen bauten die ZPMC-Repräsentan-

O. Plötner, *Counter Strategies im globalen Wettbewerb*,
DOI 10.1007/978-3-642-28138-9_1,
© Springer-Verlag Berlin Heidelberg 2012

ten während dieser Reisen persönliche Kontakte zu einer Reihe von Kunden auf, die sie bis heute pflegen. Parallel dazu begann ZPMC, einzelne Teile für Containerkräne selbst zu fertigen. Das ZPMC-Management hatte erkannt, dass die etablierten Hersteller von Containerkränen selbst für simple Ersatzteile sehr hohe Preise verlangten. ZPMC beschloss, sich diesen Umstand zunutze zu machen: Man baute die Ersatzteile kostengünstig nach und war auf diese Weise imstande, seinen Kunden sowohl spürbare Kostenvorteile zu bieten als auch die technischen Fachkenntnisse und Fähigkeiten im eigenen Unternehmen zu verbessern.

Mit der Zeit baute ZPMC sein technisches Know-how immer weiter aus. Unter der Leitung von Guan Tongxian wurde ein Technologie-Center errichtet, in dem die Erkenntnisse systematisch zusammengetragen und weiterentwickelt wurden. Während das Ziel in den ersten Jahren vor allem darin bestand, die internationalen technischen Standards beim Bau von Containerkränen zu erreichen, stand später zunehmend die eigenständige Produktentwicklung im Vordergrund.

Zu diesem Zweck arbeiteten die Konstrukteure von ZPMC intensiv mit renommierten Universitäten zusammen, wie mit der Northern Illinois University, der University of Queensland und der Wuhan University of Technology. Außerdem ließ sich ZPMC von ausländischen Experten unterstützen, bei denen es sich vielfach um verrentete Führungskräfte erfolgreicher Unternehmen der Containerbranche handelte. ZPMC selbst hatte für seine Mitarbeiter keine feste Altersgrenze und beschäftigte Spezialisten auch nach Erreichen des Rentenalters weiter. Abgesehen davon wurden Know-how-Träger durch überdurchschnittliche Sozialleistungen an das Unternehmen gebunden.

1994 erhielt ZPMC seinen bis dahin größten Auftrag. Es handelte sich um die Lieferung dreier Kräne für den Hafen von Miami, USA. Für die Verschiffung von Shanghai nach Miami sollte ZPMC einem Transportunternehmen 1,5 Mio. US-Dollar zahlen, einen Preis, den die Unternehmensleitung inakzeptabel fand. So investierte ZPMC 2 Mio. Dollar in den Umbau eines ehemaligen Kohlefrachtschiffs und führte den Transport selbst durch. Anschließend baute ZPMC Schiffe, die bis zu neun fertig montierte Kräne über die Ozeane transportieren konnten. Für eine Weile war ZPMC der einzige Anbieter, der bereits montierte Containerkräne liefern konnte. Sie ersparten zeitaufwändige Montagearbeiten in den Häfen und erlaubten es den Hafenbehörden, die Schiffe schneller zu löschen und zu beladen (Abb. 1.1).

Abb. 1.1 ZPMC-Transportschiff mit montierten Krananlagen. (Quelle: Hans-Joachim Weiß, Bremerhaven)

In der Folgezeit versuchte ZPMC zunehmend, die Abhängigkeit von seinen Lieferanten zu verringern. Selbst bei Kranelementen wie Kupplungen, Bremsen, Getrieben, Außenaufzügen oder Steuerungen wollte das Unternehmen nicht länger den „Monopolen westlicher Unternehmen" ausgeliefert sein. Also baute man auch diese Elemente in Eigenregie nach. Die Kostenersparnis für ZPMC belief sich dabei auf nahezu 85 %. Parallel dazu wurde die Entwicklung innovativer Produkte forciert. Das Know-how zur Installation der Kräne im Hafen eignete sich ZPMC in enger Zusammenarbeit mit seinen Kunden an. Nach dem Geschäftsmodell des Unternehmens konnte ein Kunde bei der Installation der Krananlagen zudem die Aufsicht über die ZPMC-Teams und deren Steuerung übernehmen und so einen Preisnachlass erhalten.

Als das Management von ZPMC davon überzeugt war, alle wichtigen Kranelemente selbst herstellen zu können, bot es den Kunden auf sämtliche Teile lebenslange Garantien an, was zu dem Zeitpunkt in der Branche einzigartig war. Darüber hinaus wurde die Wettbewerbsposition der ZPMC durch die Produktinnovationen ihres Technologie-Centers gestärkt. Der von 2003 an produzierte Double Container

Crane, mit dem erstmals zwei Container gleichzeitig bewegt werden konnten, gehörte dazu und war wahrscheinlich der größte Innovationserfolg von ZPMC. Denn mithilfe dieses Krans halbierte sich die Zeit zur Be- und Entladung der Schiffe nahezu. 2006 wurde dann eine neue Kranversion umgesetzt, mit der sogar drei Container auf einmal bewegt werden konnten. Die Zahl der von ZPMC angemeldeten Patente stieg stetig; 2010 waren es 243. 2009 betrugen die Forschungs- und Entwicklungskosten 3,7 % des Umsatzes und entsprachen damit bereits dem Branchenniveau. Die Gehälter lagen allerdings deutlich darunter, sie betrugen nur 15 bis 25 % des westlichen Niveaus. Für chinesische Verhältnisse galten sie jedoch als so überdurchschnittlich, dass ZPMC die begabtesten Ingenieure des Landes rekrutieren konnte.

2008 beschloss ZPMC, zusätzlich in eine Reihe anderer Produktbereiche der maritimen Schwerindustrie einzusteigen. Seitdem werden auch hochseetüchtige Plattformen zur Öl- und Gasförderung, Spezialschiffe zur Verlegung von Pipelines oder Off-Shore-Windparkanlagen gebaut. Darüber hinaus hat ZPMC sich dem Geschäftsfeld großer Stahlkonstruktionen zugewandt und 2006 den Auftrag zum Bau der neuen Bay Bridge gewonnen, die die Bucht von San Francisco überspannen wird. Nach Berichten der *San Francisco Public Press* werden die amerikanischen Auftraggeber dank des chinesischen Angebots bis zum geplanten Ende des Projekts im Jahr 2013 400 Mio. US-Dollar sparen.

Für den westlichen Leser bestätigt der Fall ZPMC die weitverbreiteten Befürchtungen über die aggressive Marktpenetration neuer Wettbewerber aus China. Tatsächlich ist es eine außergewöhnliche Leistung, in nur 15 Jahren über 75 % Weltmarktanteil in einem von renommierten Unternehmen beherrschten Marktbereich zu erlangen. Hätte man Mitte der neunziger Jahre die Vorstände der etablierten Unternehmen in Europa, Amerika oder Japan nach ihren Vorstellungen über die künftige Marktentwicklung gefragt, hätten sie sich die heutige Situation wahrscheinlich kaum vorstellen können. Sicherlich, nachher weiß man immer alles besser, aber trotzdem ist der Fall ZPMC ein warnendes Beispiel für die Manager jener Branchen, in denen sich die Wettbewerbsstrukturen in den letzten Jahren nicht radikal verändert haben. Deswegen sollen hier einige Grundlagen des Erfolgs von ZPMC näher betrachtet werden.

Im Gegensatz zu einer Vielzahl strategischer Entscheidungen in den westlichen Ländern versucht ZPMC, die eigene Wertschöpfung mög-

lichst stark zu vertikalisieren. Seitdem C. K. Prahalad und Gary Hamel
Anfang der neunziger Jahre das Konzept der Kernkompetenzen in das
moderne betriebswirtschaftliche Denken eingeführt haben, werden zunehmend Aktivitäten mit der Begründung outgesourct, dass sie nicht
zur Kernkompetenz des Unternehmens gehörten (Hamel und Prahalad
1994). Wirtschafts-Bestseller wie das 2005 erschienene *The world is
flat* von Thomas L. Friedman vermitteln den Eindruck, dass erfolgreiche Unternehmen sich diesem Trend gar nicht entziehen können
(Friedman 2005). ZPMC verfolgt jedoch einen ganz anderen Ansatz.
Statt sich auf wenige wertschöpfende Tätigkeiten zu fokussieren, ist
das Unternehmen von dem Ziel getrieben, alles selbst zu produzieren
und von den Lieferanten so unabhängig wie möglich zu bleiben.

Interessant ist auch der Umgang mit der Seniorität bei ZPMC. In
westlichen Technologie-Unternehmen wird man kaum Beispiele dafür finden, dass ein Manager mit 59 Jahren eine Aktiengesellschaft
gründet und sie im Alter von 77 noch leitet. Schon 59 ist dort ein
Alter, in dem Vorstandsmitgliedern gewöhnlich der Übergang in den
Ruhestand nahegelegt wird. Auch die Einbindung anderer älterer
Führungskräfte, ob aus den eigenen Reihen oder von Wettbewerbern
abgeworben, ist bei westlichen Unternehmen eine Seltenheit. In den
asiatischen Ländern dagegen, wo Seniorität generell respektiert wird,
passt es zur Unternehmenskultur.

Ein kurzer Hinweis noch zur Governance-Struktur der ZPMC: Im
Prinzip ist das Modell nicht neu, dass ein Unternehmen an der Börse
gelistet ist und gleichzeitig mehrheitlich vom Staat kontrolliert wird.
Angesichts der in der letzten Finanzkrise aufgekommenen kritischen
Diskussion über die staatliche Beteiligung an Banken und anderen
Unternehmen ist der Erfolg des Modells im Fall ZPMC jedoch besonders interessant. Einerseits muss sich das Unternehmen wegen der
Verpflichtung zur Publikation seiner Geschäftsergebnisse dem Druck
des Kapitalmarkts und der Öffentlichkeit stellen. Andererseits kann
davon ausgegangen werden, dass die enge, kapitalbasierte Verbindung zum Staat ZPMC Vorteile bringt. Sei es bei der Möglichkeit,
staatliche Genehmigungen zu erhalten oder der Geschwindigkeit, in
der bei Patentanmeldungen bürokratische Hürden überwunden werden können. Von der Unmöglichkeit einer feindlichen Übernahme
durch Wettbewerber ganz zu schweigen.

Wenig überraschend dürfte es sein, dass ZPMC versucht, die besten Ingenieure des Landes für sich zu gewinnen. Die damit einher-

gehende Zusammenarbeit mit Universitäten, die attraktiven Gehälter und das Angebot guter Sozialleistungen zeichnen gerade viele erfolgreiche Mittelstandsunternehmen im Westen aus. Gleiches gilt für die Nähe zu den Kunden. Prozesse und Probleme der Kunden verstehen zu lernen und dabei langfristige persönliche Kontakte aufzubauen, ist im Anlagenbau generell üblich. Lediglich die Bereitschaft, sich bei einem Projekt von den Kunden anleiten und beaufsichtigen zu lassen, dürfte ungewöhnlich und der geringen Kompetenz von ZPMC in den Anfangsjahren geschuldet sein.

Natürlich verwundert es niemanden, dass ZPMC im Hinblick auf den Preis den internationalen Kunden sehr entgegenkommen kann. Das liegt zum einen an den zuvor erwähnten niedrigen Gehältern. Für eine Entwicklungsaufgabe kann ZPMC mehrere qualifizierte chinesische Ingenieure abstellen und hat immer noch einen Kostenvorteil gegenüber einem Unternehmen in Deutschland oder den USA, das sich für die gleiche Aufgabe nur einen einzigen Ingenieur leisten kann. Bei den weniger qualifizierten Beschäftigten ist der Gehaltsunterschied sogar so groß, dass sich der Kauf von Automatisierungsanlagen für zahlreiche chinesische Unternehmen kaum lohnt.

Zum Schluss ein Wort über die umstrittenste Grundlage des Erfolgs von ZPMC. Insbesondere in der Anfangszeit hat ZPMC Produktteile anderer Unternehmen kopiert und einen der diesbezüglich oft erhobenen und hitzig diskutierten Vorwürfe gegenüber chinesischen Unternehmen bestätigt. Guan Tongxian, der CEO der ersten 18 Jahre, machte nicht einmal einen Hehl daraus. „We just get the best products from abroad. We imitate, assimilate, absorb, and innovate them to become the products of our own brand." Das bedeutet, dass er mit zumindest teilweise kopierten Produkten und niedrigen Preisen in den Markt eingestiegen ist. Wegen geringer Kosten war und ist ZPMC profitabel und investiert in den Aufbau eigener technischer Fähigkeiten, auf deren Basis die Produkte kontinuierlich verbessert werden. So hat ZPMC schließlich ein derartiges Know-how erlangt, dass es eigene Produktlösungen entwickeln und den Markt durch Qualität und Innovationen überzeugen kann. Westliche Manager, die deswegen außer sich geraten, sollten wissen, dass diese Vorgehensweise keineswegs eine chinesische Erfindung ist. Vielmehr handelt sich um einen wettbewerbsstrategischen Ansatz, dem früher auch heute renommierte Unternehmen aus Deutschland gefolgt sind.

1.2 Made in Germany

Deutsche Produkte, insbesondere technische, haben den Ruf, hervorragend konstruiert und qualitativ hochwertig zu sein. Das war nicht immer so. Im Gegenteil. Die lose verbundenen deutschen Kleinstaaten, die 1871 unter Wilhelm I. zum Deutschen Kaiserreich zusammengefasst wurden, waren reine Agrargebiete und hinkten den anderen westeuropäischen Staaten in puncto Industrialisierung stark hinterher. Schuld daran waren unter anderem die regionalen und politischen Fragmentierungen jenes Kleinstaatenverbands, in dcm wcdcr cinc cinheitliche Währung noch einheitliche Maße und Gewichte oder gar fiskalisch-ökonomische Rahmenbedingungen existierten. Erst der 1834 in Kraft getretene Deutsche Zollverein hatte für die Anfänge einheitlicher und halbwegs stabiler handelspolitischer Verhältnisse gesorgt, die sich nicht zuletzt in der verbesserten Infrastruktur niederschlugen und da hauptsächlich im Aufbau des Eisenbahnnetzes. Aber das, was wir heute als Industrialisierung bezeichnen, begann in Deutschland sehr langsam um das Jahr 1840, also etwa fünfzig Jahre nach Englands Industrieller Revolution. Ein einheitliches Zoll- und Handelsgebiet wurde Deutschland erst mit der Reichsverfassung von 1871.

Doch da hatte England längst die Maßstäbe für die moderne gewerbliche Produktion gesetzt und der englischen Industrie gleichzeitig eine monopolartige Vormachtstellung verschafft, die durch Ausfuhrverbote für bestimmte Maschinen, unter anderem Spinnmaschinen, und Auswanderungsverbote für Maschinenbauer und Facharbeiter gestärkt wurde. Die Deutschen, die sich der Industrialisierung so verspätet geöffnet hatten, verlegten sich aufs Kopieren, um ihren Einstieg in diese neuen technischen Entwicklungen und die damit verbundenen Geschäfte und Gewinne zu finden. Selbst namhafte Politiker wie Carl August von Hardenberg, Heinrich F. K. vom und zum Stein, Christian P. W. Beuth oder der Maler und Architekt Karl Friedrich Schinkel brachen zu sogenannten Studienreisen nach England auf, um sich die Industriestädte anzuschauen, sich in den Fabriken umzusehen und die Maschinenanlagen zu studieren und zu skizzieren. Im gleichen Auftrag waren deutsche Studenten in England unterwegs, die mit großzügigen Forschungsstipendien ausgestattet worden waren. Dabei wurden englische Maschinen entweder nur nachskizziert oder trotz bestehender Exportverbote nach Preußen gebracht, indem andere Orte als Zwischenadressen angegeben wurden.

Ein Tagebucheintrag Schinkels veranschaulicht seinen und Beuths Besuch in England und gibt die sehnsüchtige Bewunderung wieder, die die deutschen Reisenden für das, was sie sahen, befiel: „Dann besuchten wir eine Bleiweißfabrik mit hohem Schrottturm, von dem man eine schöne Aussicht genießt. Die Walzen, um das Bleiweiß vom Blei zu schneiden, werden stets nur unter Wasserbesprengung in Bewegung gesetzt, damit der ungesunde Staub vermieden werde. (…) Beim Abschiede empfing der gefällige Mr. Strutt von uns eine große bronzene Medaille mit Blüchers Bildnis zum Andenken. Wir gingen noch alleine in die Werkstatt des Mr. Fox und sahen dessen schöne Drehbänke, die berühmte Hobelmaschine. (…) Ein anderer Fabrikant, welcher Bratöfen macht, wurde auch noch aufgesucht, dann das Magazin für Kunstwerke in Flußspat besichtigt und einige Kleinigkeiten daselbst gekauft. Der Besitzer zeigte uns seine Werkstatt, worin sich eine gute Einrichtung zum Schleifen und Sägen befand. Abends schrieben wir im Wirtshaus am Tagebuch …"

Eine weitere Möglichkeit, um das industrielle und wirtschaftliche Defizit zu verringern, bestand für die Deutschen im Abwerben ausländischer Industrieexperten. Preußen begann damit schon im Jahr 1815, indem es die Gebrüder John und James Cockerill aus den Niederlanden nach Berlin lockte, ihnen ein Gebäude zur Verfügung stellte und auf eigene Kosten eine Wollspinnerei und Maschinenbauanstalt gründete, in der den deutschen Arbeitern die Bedienung demonstriert wurde. Nach zehn Jahren, so die Abmachung, sollten Grundstück und Gebäude in das Eigentum der Brüder Cockerill übergehen, was auch geschah. Die preußische Regierung war offenkundig zufrieden.

Dennoch konnten die preußischen Maschinen und die von ihnen produzierten Güter das Niveau ihrer Vorbilder nicht von heute auf morgen erreichen. Noch 1876 urteilte Professor Franz Reuleaux, ein deutscher Preisrichter auf der Weltausstellung in Philadelphia, dass die Ausstellungsstücke aus Deutschland „billig und schlecht" seien. Das war um die Zeit, in der die Deutschen statt ihrer üblichen Waren wie Zucker, Kartoffeln und Stickereien anfingen Sägen, Messer und Feilen zu exportieren, die deutlich billiger als diejenigen der Engländer waren. Nur dass die Deutschen statt bestem Gussstahl das billigere Gusseisen benutzten und, um die Kopien echt wirken zu lassen, Herstellernamen einstanzten, die auf die Herkunft aus Sheffield deuteten, die damalige Hochburg qualitativ hochwertiger Schneidewerkzeuge.

Als im März 1883 elf Staaten die *Pariser Verbandsübereinkunft* trafen, ein Abkommen zum Patent- und Markenrecht, nahm Deutschland bewusst nicht an der Zusammenkunft teil, geschweige denn, dass es zu den Unterzeichnern gehörte. Im August 1887 kam es in England deshalb zu einer Neuauflage des britischen Handelsmarkengesetzes, dem Merchandise Marks Act, der die Angabe des Herkunftslandes auf allen importierten Waren verlangte. Danach stand *Made in Germany* eine Zeitlang für Billigprodukte und Gefälschtes – so lange, bis die deutschen Techniker, Wissenschaftler und Unternehmer gelernt hatten, wie man Qualitätsprodukte selbst konzipierte und anfertigte. In dem Zusammenhang wäre das erste optisch berechnete Mikroskop von Ernst Abbe und Carl Zeiss aus dem Jahr 1873 zu nennen. Schon 1879 exportierte Zeiss die Hälfte seiner Mikroskope und gründete ausländische Niederlassungen in Russland, England und Österreich. Dennoch blieben die deutschen Waren für eine Weile preiswerter und die Lieferkonditionen attraktiver als die der englischen Konkurrenz. Doch mit der Zeit wurde aus der Deklassierung *Made in Germany* langsam etwas Positives und schließlich ein Gütesiegel. In Deutschland sorgten unterdessen neue Universalbanken für das Kapital der aufsteigenden Unternehmen. 1914, vor Beginn des ersten Weltkriegs, hatte sich das ehedem zersplitterte deutsche Staatengebilde, das bis Mitte des 19. Jahrhunderts rückständig, mehrheitlich agrarisch und zum großen Teil industriefeindlich war, zu einem der führenden Exportländer der Welt entwickelt. Das Gütesiegel *Made in Germany* konnte über zwei Weltkriege gerettet werden; in den fünfziger und sechziger Jahren war es ein Grundstein des sogenannten Wirtschaftswunders. Auch heute noch profitieren deutsche Technologie-Unternehmen von diesem Markenzeichen, das als Qualitätsversprechen gilt und als Ausdruck zuverlässiger deutscher Wertarbeit.

1.3 Und dann ist die Industrie weg

Allerdings wurden nicht alle guten Produktideen aus Deutschland dort auch erfolgreich umgesetzt. Das heißt nicht, dass sie von ausländischen Wettbewerbern gestohlen wurden, sondern vielmehr, dass ihr Vermarktungspotenzial im eigenen Land nicht erkannt wurde. Die Liste verkannter Innovationserfolge in Deutschland ist lang, insbesondere in der jüngeren Geschichte. Um nur einige Beispiele zu nennen: Bereits 1941 konstruierte Konrad Zuse die erste elektromechanische Rechenmaschine und setzte dadurch das digitale Funktionsprinzip produkttechnisch um. Das Geschäft mit den Computern machten nachher jedoch vor allem amerikanische Unternehmen wie IBM. 1956 war von einem deutschen Ingenieur namens Rudolf Hell der Vorläufer des heutigen Fax-Gerätes entwickelt worden; dessen erfolgreiche Vermarktung blieb zwanzig Jahre später japanischen Unternehmen vorbehalten. Siemens hatte zwar die Rechte an den Patenten besessen, war aber nicht weiter an ihnen interessiert gewesen. Auch von dem Geschäft mit dem Audioformat MP3, das in den neunziger Jahren unter anderem von Karlheinz Brandenburg am Fraunhofer Institut in Deutschland entwickelt wurde, haben in erster Linie ausländische Unternehmen profitiert.

Aber auch wenn die Erfindungen *Made in Germany* in Deutschland ihren Weg in die industrielle Herstellung fanden und qualitativ exzellent umgesetzt wurden, konnten sie nicht immer nachhaltigen Markterfolg erzielen. Unternehmen, die mit ihrem technologischen Vorsprung einst ganze Branchen geprägt haben, sind heute verschwunden oder fristen ein relativ unbedeutendes Dasein. Die Loewe AG, deren Ingenieuren die erste vollelektronische Fernsehübertragung gelang, verkauft zwar noch heute Fernsehgeräte, aber der Marktanteil am weltweiten Geschäft liegt im Promillebereich. Grundig, der frühere Wettbewerber der Loewe AG, wurde inzwischen von der türkischen Koç Group gekauft. Ähnlich verhält es sich mit Leica, die mit ihrer Kleinbildkamera 1925 neue Maßstäbe für die Fotoindustrie setzte. Die AEG (Allgemeine Electricitäts-Gesellschaft), die einst den ersten Drehstrommotor ebenso wie das erste Tonbandgerät auf den Markt brachte, fand für ihre Produkte zuletzt so wenige Abnehmer, dass sie 1996 aufgelöst wurde. Nur für die Rechte am Markennamen gab es noch einen Interessenten; einen ausländischen Finanzinvestor. Den Niedergang der AEG befürchtete der Gründer Emil Rathenau übrigens schon Anfang des letzten Jahrhunderts, als er vor „einer Überschwemmung mit Produkten, die im Fernen Osten für geringes Geld hergestellt werden", warnte.

Tatsächlich sind asiatische Unternehmen in den letzten Jahrzehnten oft auf den Märkten erfolgreich, auf die sich westliche Technologie-Unternehmen spezialisiert haben, etwa im Anlagen- und Maschinen-

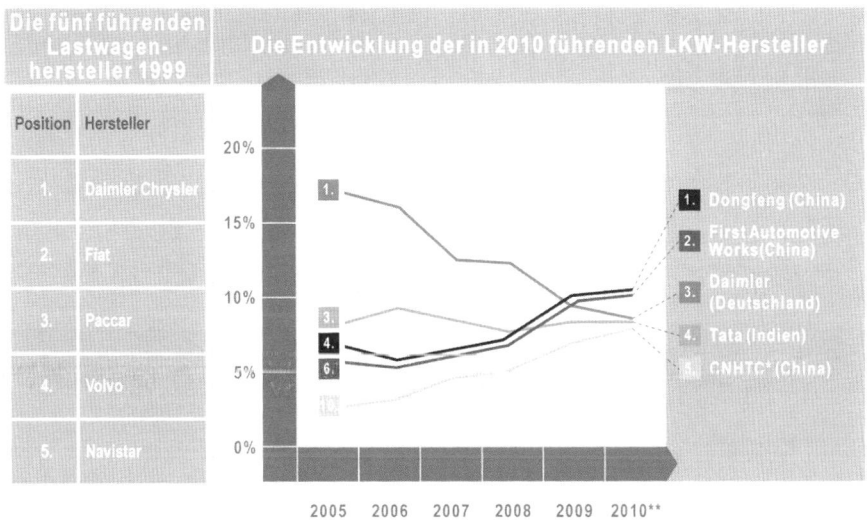

*China National Heavy Duty Truck Group; ** Prognose (2010)

Abb. 1.2 Entwicklung von Anbietern in der LKW-Branche. (Quelle: OICA. Production Statistics. URL: http://oica.net/category/production-statistics/ [20.05.2011])

bau, der Elektronik- und der Automobilindustrie. Ein Beispiel für den Aufstieg asiatischer Unternehmen ist die LKW-Industrie: Von den noch vor 15 Jahren weltweit führenden Unternehmen aus Europa und Nordamerika befindet sich nur noch Daimler unter den Top 5. Alle vier anderen Anbieter kommen aus Asien (Abb. 1.2).

Nach dem Zweiten Weltkrieg entstanden die Konkurrenzunternehmen vorrangig in Japan – Toyota, Mitsubishi und Sony sind die bekanntesten Beispiele. Heute kommen die neuen Wettbewerber hauptsächlich aus China und Indien. Wirtschaftlich gesehen ist China das wichtigste der sogenannten BRIC-Länder (Brasilien, Russland, Indien, China), in denen bereits heute 40 % der Weltbevölkerung leben. Es wird geschätzt, dass die Summe ihrer Bruttosozialprodukte in 25 Jahren größer als das der derzeitigen G8-Staaten sein wird. Zwar können Länder wie Qatar und Paraguay die BRIC-Staaten im Wachstum laut Internationalem Währungsfonds noch überholen, doch angesichts ihrer wirtschaftlichen Größe kommt ihnen global längst keine derart wichtige Rolle wie den BRIC-Staaten zu. Allerdings sollten in diesem Zusammenhang auch Mexiko, Indonesien, Südkorea und die Türkei

Nationale Bruttosozialprodukte 2010–2050 (in Mrd. USD)						
Platz	Land	2010	2020	2030	2040	2050
1	USA	14.657	17.978	22.817	29.823	38.514
2	Japan	5.458	5.224	5.814	6.042	6.677
3	Deutschland	3.315	3.519	3.761	4.388	5.024
4	China	5.878	12.630	25.610	45.022	70.710
5	Großbritannien	2.247	3.101	3.595	4.344	5.133
6	Frankreich	2.582	2.815	3.306	3.892	4.592
7	Italien	2.055	2.224	2.391	2.559	2.950
8	Kanada	1.574	1.700	2.061	2.569	3.149
9	Brasilien	2.090	2.194	3.720	6.631	11.366
10	Russland	1.465	2.554	4.265	6.320	8.580
11	Indien	1.537	2.848	6.683	16.510	37.668
12	Südkorea	1.007	1.508	2.241	3.089	4.083
13	Mexiko	1.039	1.742	3.068	5.471	9.340
14	Türkei	741	740	1.279	2.300	3.943
15	Indonesien	706	752	1.479	3.286	7.010

Abb. 1.3 Prognose zur Entwicklung nationaler Bruttosozialprodukte. (Quelle: Goldman Sachs Global Economics, Commodities and Strategy Team (2007). Brics and Beyond. URL: http://www2.goldmansachs.com/ideas/brics/BRICs-and-Beyond.html [20.06.2011] and International Monetary Fund (2011). World Economic Outlook. URL: http://www.imf.org/external/pubs/ft/weo/2011/01/weodata/download.aspx [20.05.2011])

genannt werden, die ebenfalls sowohl ein hohes Bruttoinlandprodukt als auch ein starkes wirtschaftliches Wachstum aufweisen und deren Bedeutung in der Weltwirtschaft deswegen zunimmt (Abb. 1.3).

Goldman Sachs geht davon aus, dass China und an zweiter Stelle Indien ihr Wachstum durch den Verkauf industrieller Güter und Dienstleistungen realisieren werden, wohingegen Russland und Brasilien den Schwerpunkt auf die Vermarktung von Rohstoffen und landwirtschaftlichen Produkten legen werden. In Anbetracht des politischen Interesses an den Technologiebranchen in China und Indien, des riesigen und stark wachsenden Heimatmarktes dort und der rasanten Zunahme der Anzahl qualifizierter Ingenieure in beiden Ländern ist es nicht verwunderlich, dass die neuen Wettbewerber vor allem daher kommen.

Diese globale Wirtschaftsentwicklung können westliche Anbieter entweder als etwas Bedrohliches sehen oder als Chance begreifen. So ergeben sich neue Umsatzpotenziale für den Außenhandel, der beispielsweise in Deutschland ungefähr ein Drittel der Wirtschaftsleistung ausmacht. Zwar reichten die 2009 von Deutschland ausgeführten Waren im Wert von 816 Mrd. Euro nicht mehr aus, um den Titel „Exportweltmeister" gegen den neuen Spitzenreiter China zu verteidigen, doch die deutschen Exporterfolge sind im Vergleich zur Bevölkerungsgröße und dem Bruttoinlandprodukt des Landes immer noch bemerkenswert. Selbst im Krisenjahr 2009 konnte Deutschland einen signifikanten Handelsbilanzüberschuss generieren, obwohl das Handelsvolumen in allen 27 EU-Nationen abnahm; nur mit einem Land gab es in diesem Jahr eine Zunahme beim Handel, und zwar mit China.

Wir bleiben noch einen Moment bei Deutschland als Beispiel für die Lage reifer westlicher Märkte: Der Export des Landes beruht vor allem auf Geschäften mit technologischen Produkten. Die Autobranche, inklusive der entsprechenden Zuliefererindustrie, und der Maschinen- und Anlagenbau sind die beiden umsatzstärksten Branchen. In ihnen haben deutsche Unternehmen ihre Wettbewerbsposition erneut betont: Volkswagen ist bezogen auf den Umsatz zum zweitgrößten Automobilhersteller weltweit gewachsen. Siemens ist Weltmarktführer in Bereichen wie Medizintechnik, Off-Shore-Windparks und Mittelspannungsanlagen. Bosch ist mit seinen mikromechanischen Sensoren das weltweit größte Zulieferunternehmen der Automobilbranche. Noch höhere Marktdominanz haben deutsche Mittelstandsunternehmen, wie Trumpf bei industriellen Lasersystemen, Hauni mit Maschinen zur Zigarettenherstellung, Krones mit Anlagen zur Getränkeabfüllung. Während sich also ein Teil westlicher Technologie-Unternehmen ins Aus manövriert hat, haben es andere geschafft, sich auf den Weltmärkten zu behaupten. Letztere sollen auf den folgenden Seiten näher untersucht werden. Dabei handelt es sich um Unternehmen, die schon seit einigen Jahrzehnten im globalen Wettbewerb erfolgreich sind. Das ist deshalb bemerkenswert, da eine Reihe von Untersuchungen, wie die von Robert R. Wiggins und Timothy W. Ruefli aus dem Jahr 2005, gezeigt haben, dass es für Unternehmen schwieriger geworden ist, ihre führende Marktposition zu behaupten (Wiggins und Ruefli 2005). Allerdings geht die Wettbewerbsstärke der deutschen Unternehmen nicht immer mit hoher Profitabilität einher. Gerade bei den derzeit auf den Kapitalmärkten beliebten Kennzahlen wie dem ROCE (Return of Capital Employed) werden im Maschinenbau oder in der Autoindustrie keine überragenden Ergebnisse erreicht. Dafür sind diese Unternehmen allerdings schon dem Ziel der *Nachhaltigkeit* gefolgt, als es noch kein Modewort war.

1.4 Wissenschaft und Praxisrelevanz

Das Ziel dieses Buches ist es, dem Leser Einblicke in die neuesten Entwicklungen wettbewerbsstrategischer Ansätze zu geben. Zu diesem Zweck werden erfolgreiche und weniger erfolgreiche Beispiele aus der Unternehmenspraxis, insbesondere dem Maschinen- und Anlagenbau, systematisiert und mit Erkenntnissen der Wissenschaft abgeglichen. Auch wenn in diesem Buch Ursache-Wirkung-Zusammenhänge dargestellt und Handlungsempfehlungen gegeben werden, sollten sie nicht als ewige Regeln missverstanden werden. *Die sieben goldenen Strategieprinzipien* oder *Die fünf Schritte zum strategischen Erfolg* wird man auf den folgenden Seiten nicht finden. Das basiert auf unserer Überzeugung, dass es bei Fragen der Strategie keine Regeln gibt,

- deren externe Validität hinreichend bewiesen ist und
- deren hohe Allgemeingültigkeit sie für eine Vielzahl von Unternehmen relevant macht und
- deren starker Praxisbezug Managern Lösungen für konkrete Problemstellungen im Unternehmen liefert.

In dieser Hinsicht unterscheiden sich die folgenden Ausführungen von einer ganzen Reihe von Management-Büchern, die es zu großer Popularität gebracht haben, wie *In Search of Excellence* von Thomas Peters und Robert Waterman oder *Good to Great* von Jim Collins (Collins 2001; Peters und Waterman 1982). Diese Autoren verleihen ihren Aussagen durchaus den Anspruch von Allgemeingültigkeit und rechtfertigen dies durch empirische Untersuchungen, die methodisch jeweils einem ähnlichen Muster folgen: Zunächst werden erfolgreiche Unternehmen identifiziert, wobei die Wahl der Erfolgsindikatoren aus der Perspektive des Kapitalmarktes erfolgt. Dann werden die Manager nach den Erfolgsfaktoren ihrer Unternehmen gefragt. Schließlich werden auf der Basis einer mehr oder weniger großen Zahl untersuchter Unternehmen Gemeinsamkeiten bei den Antworten herausgearbeitet und daraus dann die vermeintlich allgemeingültigen Aussagen abgeleitet.

Ein erstes Problem dieses Ansatzes ergibt sich in der Regel schon durch die Auswahl der Stichproben. Man erfährt zwar, was die erfolgreichen Unternehmen tun, aber nicht, was sie von den weniger erfolgreichen unterscheidet. Das ist, als würde man nur Goldmedaillengewinner nach ihrem Trainingsprogramm befragen. Man könnte dann zwar erfahren, dass sie ständig trainieren, aber nicht, was sie anders und besser als andere Spitzensportler machen.

Selbst wenn man wie Nitin Nohria, Bruce Roberson und William Joyce in *What Really Works* Manager erfolgreicher und weniger erfolgreicher Unternehmen befragt, bleibt die Beziehung zwischen Ursache und Wirkung beziehungsweise die Relation von unabhängiger und abhängiger Variable gewöhnlich ungeklärt (Nohria et al. 2003). So kann eine Untersuchung beispielsweise ergeben, dass erfolgreiche Unternehmen besonders fähige Mitarbeiter haben, erfolglose jedoch nicht. Allerdings lässt dieser Umstand nicht zwingend darauf schließen, dass fähige Mitarbeiter grundsätzlich Unternehmenserfolg bewirken. Nicht nur, dass ein solcher Erfolg von vielen Faktoren abhängt und die Wirkung jeder einzelnen Variablen herauszufiltern ist. Vor allem können sich auch Ursache und Wirkung ganz anders darstellen, nämlich dass umgekehrt der ökonomische Erfolg eines Unternehmens dafür verantwortlich ist, dass fähige Mitarbeiter rekrutiert wurden.

Ein weiteres Problem bei derartigen Ergebnissen ist der sogenannte Halo-Effekt, den die Methode der Befragung von Managern mit sich bringt. Der Halo-Effekt ist ein Begriff, der sich auf Beurteilungs- und Wahrnehmungsfehler bezieht, die dadurch zustande kommen, dass bestimmte Eigenschaften eines Elements diejenigen anderer Elemente überstrahlen. Ein einfaches Beispiel ist der attraktive Mensch, den wir aufgrund seines Aussehens für sympathisch halten. Dieses Phänomen spielt hier insofern eine Rolle, als der finanzielle Erfolg für die Bewertung der Unternehmensaktivitäten normalerweise von übergeordneter Bedeutung ist. Erzielt ein Unternehmen exzellente finanzielle Ergebnisse, haben Manager die Tendenz, dafür alle möglichen Management-Entscheidungen als ausschlaggebend zu betrachten, ganz gleich, ob es um Personalführung, Wettbewerbsstrategie oder Kundenbetreuung geht. Das gilt insbesondere in Bezug auf die eigenen Entscheidungen. Es ist wie mit dem Stürmer beim Fußball, der drei Tore geschossen und deswegen scheinbar alles richtig gemacht hat, obwohl ihm während des Spiels auch eine Reihe von Fehler unterlaufen sind. 2007 hat Phil Rosenzweig *The Halo Effect: How Managers Let Themselves Be Deceived* geschrieben und darin die Ergebnisse etlicher Untersuchungen dieser Art in Frage gestellt (Rosenzweig 2007).

Probleme der Validität verlieren jedoch an Bedeutung, wenn man seine Aussagen möglichst allgemein hält. Wenn Alfred Marcus in *Big Winners and Big Losers* nach umfassender Analyse zahlreicher Unternehmen zu dem Ergebnis kommt, dass ein Unternehmen mit der Geschwindigkeit der Marktveränderungen mithalten müsse, erscheint die Gültigkeit diese Aussage offensichtlich (Marcus 2006). Inwieweit sie aber Managern hilft, in ihren Unternehmen konkrete Probleme zu lösen, sei dahingestellt. Das gilt in ähnlicher Weise für die Ergebnisse, die in streng wissenschaftlichem Kontext veröffentlicht werden. Zwar ist die Validität der dort getroffenen Aussagen meistens gewährleistet, nicht aber deren Praxisrelevanz. Häufig wird innerhalb von Modellen argumentiert, in denen die Komplexität der realen Welt so weit reduziert wurde, dass Manager daraus keine nützlichen Erkenntnisse ziehen können.

Der Anspruch dieses Buches ist ein anderer. Hier sollen Entwicklungen aus der Praxis aufgezeigt werden, um Erkenntnisse und Ideen für die Praxis zu generieren. Im Mittelpunkt stehen dabei die Wettbewerbsstrategien etablierter Technologie-Unternehmen angesichts der sich global verschiebenden Marktstrukturen. Im zweiten Kapitel werden zunächst die konzeptionellen Grundlagen wettbewerbsstrategischer Planung vorgestellt und drei Ansätze zu ihrer praktischen Umsetzung aufgezeigt. Zwei dieser Ansätze, *No-Frills Technology* und *Complex Service Solutions*, werden im dritten und vierten Kapitel näher beleuchtet. Im letzten Kapitel geht es darum, wie diese beiden Strategien mit traditionellen wettbewerbsstrategischen Konzepten verbunden werden können und welche Probleme sich daraus ergeben. Da sich die hier angestellten Überlegungen auf B2B-Märkte für technologiebasierte Güter und Dienstleistungen beziehen, sollen aber zunächst noch deren Besonderheiten skizziert werden.

1.5 Faszination Technologie

Die Leistungsfähigkeit moderner Technologie ist faszinierend. Wir staunen darüber, dass in Dubai ein mehr als 800 m hoher Wolkenkratzer gebaut werden konnte, über 30 Mrd. Bits auf nur sechs Quadratzentimetern Platz finden oder Flugzeuge die beinahe zehnfache Schallgeschwindigkeit erreichen. Die Errungenschaften im Maschinen- und Anlagenbau sind weniger spektakulär, aber auch dort gibt es Höchstleistungen: Getränkeabfüllmaschinen, die pro Stunde über 65.000 Flaschen füllen, Tunnelbaumaschinen, die sich mit 100 m Durchmessertäglich über 50 m weit durch ein Felsmassiv bohren, oder Schaufelradbagger von über 200 m Länger und fast 100 m Höhe, die bis zu 240.000 t Kohle pro Tag fördern.

Solche Maschinen sind natürlich von hoher Komplexität, nicht zuletzt deshalb, weil die Ingenieure, die sie entwerfen, kontinuierlich nach Verbesserungen suchen. Auch die Anzahl der Einzelkomponenten ist oft unüberschaubar; das 2008 in Betrieb gegangene Atom-U-Boot der französischen Marine soll mehr als eine Million Einzelteile umfassen. Folglich sind auch viele Dienstleistungen in technologiebasierten B2B-Bereichen komplex, denn wenn ein Unternehmen wie Hochtief einen Flughafen baut und anschließend selbst betreibt, ist dergleichen mit zahllosen Aktivitäten verbunden, die unter anderem nach Zeit, Ort, Verantwortung und Kosten organisiert werden.

U-Boote zu konstruieren oder einen Flughafen zu betreiben sind in diesem Zusammenhang sicherlich Extrembeispiele, doch auch andere Technologie-Produkte haben einen Komplexitätsgrad, der in der Regel weit über dem von Konsumgütern liegt. Die Entwicklungen in der Informations- und Kommunikationstechnologie beziehungsweise -elektronik haben zu Quantensprüngen geführt. Demzufolge hat sich auch die Komplexität ihrer Produkte gesteigert. Ein Auto

der Premiumklasse hat inzwischen mehr als 70 digitale Steuerungs-
einheiten, die über ein Drittel der Gesamtkosten ausmachen; bei
Werkzeugmaschinen liegt dieser Kostenanteil sogar bei über 60 %.
Ebenso werden in diesen Produkten neue Materialien und Werkstoffe
verwendet, deren Anwendungsmöglichkeiten sich durch die Nanotechnologie vervielfacht haben; denken wir nur an die Raum- und
Luftfahrtindustrie. So beklagte Thomas Enders, CEO von EADS,
dass man inzwischen Jahre brauche, um den Überblick über die in
einem modernen Flugzeug verwendeten Technologien zu gewinnen,
und dass es deswegen immer weniger Mitarbeiter gebe, die diesen
Überblick haben.

Die zunehmende Komplexität technisch geprägter Produkte ist
für die Anbieter einerseits mit großen Herausforderungen verbunden. Andererseits hat genau diese Komplexität die alteingesessenen
Technologie-Unternehmen für lange Zeit vor neuen Wettbewerbern
geschützt – oder schützt sie noch immer. Hierin dürfte einer der zentralen Gründe dafür liegen, dass chinesische und indische Unternehmen erst in den letzten Jahren in diese Märkte eintreten konnten,
anders als bei Spielzeug, Seifen oder Textilien, bei denen westliche
Produzenten sich schon seit Jahrzehnten Wettbewerbern aus diesen
Ländern gegenüber sehen. Ein weiterer Grund dafür, dass die globale
Wettbewerbslage in den technologieorientierten Märkten lange Zeit
relativ stabil war, liegt in den Kosten der Produkte. Die hohe technische Komplexität macht sie teuer. Zudem sind die Kosten nicht nur
hoch, sondern vorwiegend fix, das heißt, sie verändern sich nicht mit
der Ausbringungsmenge. In der Produktion bedarf es teurer Equip-
ments und qualifizierter Mitarbeiter, für die sowohl Abschreibungs-
aufwendungen wie auch Gehaltszahlungen anfallen, selbst wenn vor-
übergehend nicht produziert wird. Das Gleiche gilt für Forschung und
Entwicklung, wenn Labore finanziert, Lizenzen gekauft und Spezia-
listengehälter gezahlt werden müssen. Für neue Wettbewerber stellen
hohe Fixkosten Markteintrittsbarrieren dar. Denn die Gründung eines
neuen Unternehmens ist mit erheblichen Investitionen und demzufolge Risiken verbunden, die bei Kapitalgebern auf Zurückhaltung stoßen, erst recht, wenn die Gewinnmargen in einer Branche so gering
sind wie im Maschinen- und Anlagenbau.

Bei den Kunden dieser Produkte handelt es sich um Unternehmen
oder Institutionen, sodass wir von Business-to-Business-Märkten

(B2B) sprechen, die sich anders als bei den Business-to-Consumer-Märkten (B2C) nicht an Endkonsumenten wenden. Die B2B-Kunden kaufen Leistungen, um ihrerseits Leistungen zu erstellen, die sie dann an ihre Kunden verkaufen. Folglich sind B2B-Kunden wertschöpfend tätig, was erhebliche Auswirkungen auf ihre Ansprüche gegenüber den Lieferanten hat. Solche Kunden möchten vor dem Kauf wissen, in welchem Umfang das B2B-Produkt ihre Wertschöpfungsprozesse verbessert, ob dadurch die Qualität der eigenen Produkte gesteigert werden kann oder deren Herstellungsprozesse günstiger oder schneller werden. Da die für eine Kaufentscheidung zuständigen Manager nicht ihr eigenes Geld ausgeben, sondern das ihres Arbeitgebers, stehen sie unter Rechtfertigungsdruck. Sie müssen die Entscheidung nicht nur begründen, sondern zudem auch den Vorgaben ihres Unternehmens zur Minimierung von Risiken und Kosten folgen. Deswegen definieren sie möglichst genau, welche Leistungen ein Produkt erbringen und über welche Eigenschaften es verfügen soll, und führen umfangreiche Preisanalysen durch. Darüber hinaus möchten sie oft vor einer Kaufentscheidung nachvollziehen können, auf welche Art und Weise ein Produkt den Spezifikationen gerecht werden kann, um auf dem Weg mehr Sicherheit darüber zu bekommen, dass ein Produkt später die zugesagten Leistungen erbringt.

Aus diesen hohen Informationsansprüchen der Kunden ergeben sich ebenso hohe Anforderungen an die Vertriebsverantwortlichen. Sie müssen die technisch komplexen Produkte nicht nur selbst sehr gut kennen, sondern sie auch den Kunden erklären können. Dazu müssen sie die Vorteile ihrer Produkte aus Kundensicht erfassen und über die Wertschöpfungsprozesse beim Kundenunternehmen Bescheid wissen. Außerdem müssen sie die Grundlagen juristischer Zusammenhänge kennen, da die Komplexität auch in diesem Punkt höher als bei der Vermarktung von Konsumgütern ist; im Anlagenbau geht der Abschluss eines Geschäfts mit der Unterzeichnung eines Hunderte von Seiten umfassenden Vertragswerks einher. Es bedarf demnach sowohl technischer als auch ökonomischer, juristischer und sozialer Kompetenz. Einige werden von diesen Anforderungen eingeschüchtert, andere sind von der Vielfalt begeistert und würden mit keinem B2C-Vertriebsverantwortlichen tauschen. Zumal es auf B2B-Märkten meistens um hohe Geldsummen geht. Auch darin kann Faszination liegen.

1.6   Kernaussagen

- Derzeit liegt das weltweit stärkste Wachstum in China und Indien, wo die wirtschaftliche Entwicklung mit hoher Nachfragesteigerung für technische Produkte und dem Entstehen neuer Anbieter in diesen Märkten einhergeht.
- Ähnlich wie bei deutschen Unternehmen vor 150 Jahren erfolgt der Markteintritt der neuen Wettbewerber oft mittels kostengünstiger, aber minderwertiger, manchmal auch kopierter Produkte.
- Durch Forcierung der Forschungs- und Entwicklungsaktivitäten können diese Unternehmen nach einer gewissen Zeit bereits Produkte anbieten, deren Qualität die Marktposition etablierter Wettbewerber gefährdet.
- Kunden auf B2B-Märkten haben hohe Informationsansprüche, um Kosten und Risiken möglichst gering zu halten, und stehen bei ihren Kaufentscheidungen unter Rechtfertigungsdruck. Um den Bedarf der Kunden zu verstehen, sollten die Vertriebsverantwortlichen des Anbieters deren Wertschöpfungsprozesse kennen.

Weiterführende Literatur

Axt PG, Brink A (2009) Die Ethik deutscher Wertarbeit im internationalen Kontext. OSCAR trends Magazin 1

Collins J (2001) Good to great: Why some companies make the leap … and others don't. Harper Business, New York

Friedman TL (2005) The worldis flat: A briefhistory oft he globalizedworld in thetwenty-first century. Allen Lane, London

Hamel G, Prahalad CK (1994) Competing for the future. Harvard Business School Press, New York

Harder PK (1969) Major factors in business formation and development: Germany in the early industrialization period. In: Kennedy CJ (Hrsg) Business and economic history, Bd. 5. Papers of the Sixteenth Business History Conference, University of Nebraska, p 72–81

Holst I, Bräunlein P (2008) Wie deutsche Produkte die Welt eroberten. Spiegel Online. Zugegriffen 27 April 2008

Jung A (2008) Das erste Wirtschaftswunder. Spiegel Special

Marcus AA (2006) Big winners and big losers: the 4 secrets of long-term business success and failure. Prentice Hall, Philadelphia

Nohria N, Roberson B, Joyce W (2003) What really works: The 4+2 formula for sustained business success. Harper Collins Publishers, New York

Peters TJ , Waterman RH (1982). In search of excellence: Lessons from America's best-run companies. Harper & Row, New York

Porter ME (1991) Nationale Wettbewerbsvorteile. Erfolgreich konkurrieren auf dem Weltmarkt. Knaur, München

Reihlen H (1992) Christian Peter Wilhelm Beuth. Eine Betrachtung zur preußischen Politik der Gewerbeförderung in der ersten Hälfte des 19. Jahrhunderts und zu den Drakeschen Beuth-Reliefs. Beuth, Berlin

Rosenzweig P (2007) Making the halo effect. Free Press, New York

Tietz J (2008) Ein Label geht um die Welt. Spiegel Special

Wang J (2010) ZPMC leads industry development by integration and innovation. Report, China Executive Leadership Academy Pudong

Wiggins RR, Ruefli TW (2005) Schumpeter's ghost: is hypercompetition making the best of times shorter? Strateg Manag J 26:887–911

Vom Kriege und von Strategien 2

Das Wissen muss ein Können werden.
Carl von Clausewitz, 1832

Wir reden über den Kampf um Marktanteile, Preiskriege und Ra-
battschlachten, als sei die Metaphorik des Militärischen ideal, um
Managementstrategien zu erklären. Selbst der Begriff der Strategie
kommt aus dem Militärischen, denn der dem Griechischen entnom-
mene *strategos* ist ein Heerführer beziehungsweise General. Der
französische General und Kriegshistoriker Jacques-Antoine-Hip-
polyte, Comte de Guibert, führte den Begriff der *stratégie* im acht-
zehnten Jahrhundert in den modernen Sprachgebrauch ein, als er in
seiner Schrift *Défense du Système de Guerre Moderne* die preußische
Kriegstaktik beschrieb. Bekannter wurde der Begriff später durch
den preußischen General Carl von Clausewitz (Clausewitz 2010). Im
Jahr 1806 zog er als preußischer Stabskapitän und Adjutant in den
Napoleonischen Krieg. Nach der Doppelschlacht bei Jena und Auer-
stedt am 14. Oktober 1806 verbrachte er ein Jahr in französischer
Kriegsgefangenschaft. In der Zeit analysierte er in den *Historischen
Briefen über die Kriegsereignisse im Oktober 1806* sowohl die Nie-
derlage der preußischen Armee als auch die Taktik Napoleons. Nach
seiner Rückkehr 1809 holte ihn der preußische General Gerhard von
Scharnhorst in seinen Stab und machte ihn ein Jahr später zu seinem
Bürochef. Darüber hinaus unterrichtete Clausewitz als Hauslehrer
die preußischen Prinzen in Generalstabsdienst und Taktik. Im Jahr
1815 nahm er unter Generalfeldmarschall Gebhard von Blücher als
Stabschef eines preußischen Korps an dem letzten preußisch-engli-

O. Plötner, *Counter Strategies im globalen Wettbewerb,*
DOI 10.1007/978-3-642-28138-9_2,
© Springer-Verlag Berlin Heidelberg 2012

schen Feldzug gegen Napoleon I. teil, der in der Schlacht bei Water-
loo (1815) und somit Napoleons Niederlage endete. Bis 1818 diente
er unter General August von Gneisenau, anschließend wurde Clausewitz Direktor der Allgemeinen Kriegsschule in Berlin und 1821
in den preußischen Generalstab aufgenommen. Er starb 1831 an der
Cholera.

Geblieben ist sein unvollendetes, postum von seiner Witwe Marie
von Clausewitz 1832 herausgegebenes militärisches Standardwerk
Vom Kriege. Es ist eine umfangreiche Studie der Kampfmöglichkei-
ten des Massenheers, wie man es von der französischen Armee unter
Napoleon kennt. Dennoch waren die Soldaten für Clausewitz keine
gesichtslose Masse, die sich blind der Disziplin unterwirft, sondern
eine Anzahl von Individuen, unter denen „der unbedeutendste (sic)
imstande ist, einen Aufenthalt oder sonst eine Unregelmäßigkeit
zu bewirken." Diese Unregelmäßigkeiten – ebenso einschneidend
während eines Gefechts wie das Wetter –, hielt Clausewitz für die
„Friktionen", die das Kriegshandwerk schwierig machten. Wegen
dieser Friktionen ging Clausewitz davon aus, dass Feldzüge nicht
bis ins Detail geplant werden können, sondern Offiziere sich ein
ums andere Mal auf veränderte Umstände einstellen müssen. Für ihn
ließ sich dieses Problem auch nicht durch umfangreiche Informationen beheben, denn nach seiner Erfahrung waren die Nachrichten im
Krieg überwiegend widersprüchlich, falsch oder zumindest großer
Unsicherheit unterworfen. Deswegen gab Clausewitz auch keine
klaren Vorgaben zur Entwicklung einer Strategie. Vielmehr erfor-
derte seiner Meinung nach die Entwicklung von Strategien geistige
Flexibilität und die Fähigkeit, ein breites Spektrum von Handlungs-
optionen zu erkennen, durchdenken und dank außergewöhnlicher
„Eigenschaften des Geistes" richtig bewerten zu können. Mitunter
versetzte er sich in die Lage eines an Ressourcen unterlegenen Tak-
tikers, der militärische Konflikte durch die Wahl ungewöhnlicher
Guerilla-Methoden für sich entscheiden konnte, wie die spanische
Armee, die sich trotz ihrer Unterlegenheit in den Jahren 1808–1814
gegen die französischen Truppen Napoleons durchsetzte. Ein anderes Vorgehen wiederum bezeichnete er als Ermattungsstrategie. Sie
beinhaltete, den Feind in eine lange Defensive zu zwingen und auf
die Weise zu zermürben, so wie Napoleon seinen Russlandfeldzug
ursprünglich geplant hatte. Überhaupt findet sich bei Clausewitz

Abb. 2.1 Carl von Clausewitz, *Vom Kriege*. (Quelle: Rowohlt Verlag, Reinbek)

erstmals die Kategorisierung einzelner Gefechtsformen, grundsätzlich unterteilt in defensives und offensives Kämpfen. Dementsprechend klassifizierte er die jeweiligen Unterkategorien – auch sie beispielhaft in ihrer Detailliertheit – vom Angriff auf verschanzte Lager, Truppen im Gebirge, in Morästen oder Wäldern bis zu Angriffen während Überschwemmungen und auf eine feindliche Armee im Quartier. Ebenso sorgfältig wurden die strategischen Gegenpositionen beschrieben und die Gefechtszüge, die sich aus der Defensive ergeben (Abb. 2.1).

Die Erkenntnisse von Clausewitz und anderen Militärstrategen – in Asien etwa Sun Tzu oder Musashi – im Licht wirtschaftlicher Problemstellungen zu diskutieren, ist in den letzten Jahren populär geworden. Natürlich kann der ein oder andere Gedanke militärischer Literatur Managern eine interessante Einsicht bieten, die aber nicht überbewertet werden sollte. Wirtschaftliches Handeln ist per se kein kriegerisches. Dass wir unsere Beteiligung am Wirtschaftsleben gewöhnlich nicht mit dem Leben bezahlen – es nicht einmal befürchten müssen, ganz gleich wie kurzsichtig unsere strategische Planung war –, reicht als Gegenargument eigentlich schon aus. Ein anderer grundlegender Unterschied besteht darin, dass Kriege irgendwann ein Ende finden, der Wettbewerb in der Marktwirtschaft hingegen immerzu weitergeht.

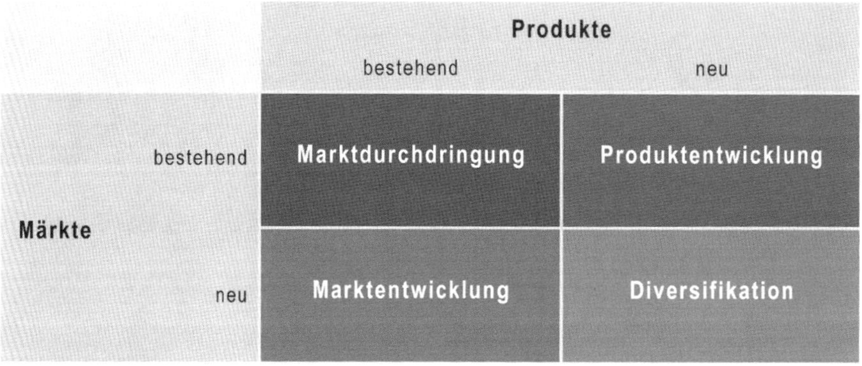

Abb. 2.2 Matrix von Ansoff. (Quelle: Eigene Darstellung in Anlehnung an Harry Igor Ansoff (1965))

2.1   Von Chandler über Porter zu Kim

In die Wirtschaftswissenschaften wurde der Strategiebegriff in den sechziger Jahren vor allem durch den Wirtschaftshistoriker Alfred Chandler eingebracht (Chandler 1969). Mit seinem Buch *Strategy and Structure – Chapters in the History of the American Industrial Enterprise* und der bekannten Prämisse *Structure Follows Strategy* wies er darauf hin, dass der Aufbau einer Organisation und die Abläufe in ihr sich der Frage unterordnen müssen, was ein Unternehmen am Markt erreichen möchte. Ein weiterer Meilenstein in der Diskussion über Unternehmensstrategien stammt von dem amerikanischen Mathematiker und Wirtschaftswissenschaftler Ansoff (1966). Vor mehr als vierzig Jahren erörterte er in *Management-Strategie* die Synergiepotenziale innerhalb der Unternehmen, die Vor- und Nachteile vertikaler Integration und die Entstehung von Wettbewerbsvorteilen. Bekannt wurde er jedoch vor allem dank seiner simplen Strukturierung der Wachstumsoptionen von Unternehmen. Kann ein Anbieter mit seinen Produkten in den bisherigen Märkten nicht mehr wachsen, empfiehlt Ansoff zunächst die Expansion in neue Märkte und dann die Vermarktung neuer Produkte bei bisherigen Kunden. Die Diversifikation, also die Einführung neuer Produkte in neue Märkte, sieht er als die schwierigste Option (Abb. 2.2).

Am nachhaltigsten wurde das konzeptionelle Denken über Unternehmensstrategien allerdings von Michael Porter geprägt. Als Industrieökonom erkannte er, dass der Erfolg eines Unternehmens zunächst in hohem Maß von den Spezifika einer Branche abhängt. Unter dem griffigen Label der *Five Forces* beschrieb er 1980 in seinem Buch *Wettbewerbsstrategien* die fünf zentralen Wettbewerbskräfte, die von außen auf den Geschäftserfolg eines Unternehmens einwirken. Zu ihnen gehören die Stärke der aktuellen Wettbewerber, die Bedrohungen durch neue Wettbewerber und Substitutionsprodukte sowie die Macht der Kunden und der Lieferanten. Die Analyse dieser Faktoren bildet eine geeignete Grundlage, um die Wettbewerbsstrategie eines Unternehmens in einem bestimmten Geschäftsbereich zu erarbeiten. Nach Porter kann ein Unternehmen in einer Branche höhere Gewinne als seine Wettbewerber erzielen, wenn es über Wettbewerbsvorteile verfügt. Das setzt jedoch voraus, dass der Kunde beim Kauf eines Produkts einen Vorteil erkennen kann. Dieser Kundenvorteil wiederum muss drei Kriterien erfüllen:

* Er muss vom Kunden wahrgenommen werden,
* für den Kunden wichtig und
* von der Konkurrenz schwer kopierbar sein.

Dieser Vorteil darf allerdings nicht darin bestehen, dass der Anbieter den Preis seiner Produkte so weit senkt, dass die eigenen Kosten langfristig nicht mehr gedeckt werden. Das wäre für den Kunden zwar vorteilhaft doch nach Porter würde ein Anbieter in diesem Fall, über keinen Wettbewerbsvorteil verfügen. Stattdessen würde er langfristig aus dem Wettbewerb verschwinden.

Das Konzept des Wettbewerbsvorteils einer Geschäftseinheit und die daraus entwickelte Wettbewerbsstrategie eines Unternehmens stehen im Mittelpunkt dieses Buchs. Die Kernfrage dabei lautet, welche strategischen Optionen ein Anbieter wählen soll, um auf einem bestimmten Markt nachhaltig Wettbewerbsvorteile zu erzielen. Auch hierzu hat Michael Porter konzeptionelle Grundlagen geschaffen. Er unterscheidet zwischen den generischen Ansätzen der Nischenstrategie, Differenzierungsstrategie und Strategie der Kostenführerschaft. Letztere erlaubt es dem Anbieter, seinen Kunden preisliche Vorteile zu bieten, ohne dabei selbst Verluste zu machen. Prinzipiell besteht zwischen Kostenführerschaft und niedrigen Preisen jedoch kein Automatismus. Eine günstige Kostenposition gibt einem Anbieter lediglich einen größeren preislichen Spielraum. Das heißt, falls es die Wettbewerbssituation erfordert, kann er bei einer Senkung der Preise noch profitabel sein. Solange für seine Produkte auch bei höheren Preisen noch eine zufriedenstellende Nachfrage besteht, wird er diese

Möglichkeit jedoch nicht nutzen. (Dabei wird der Produktbegriff in diesem Buch sehr weit gefasst; er beinhaltet das gesamte Leistungsbündel, das ein Anbieter vermarktet und das Sach- wie Dienstleistungen enthalten kann.)

Ganz allgemein kann eine bessere Kostenposition unterschiedliche Gründe haben. Sie kann durch Standortfaktoren bedingt sein, etwa wenn die lohnintensive Produktion dort erfolgt, wo die Arbeitskosten am geringsten sind. Sie kann auch auf größeren Volumeneffekten beruhen, den *Economies of Scale*, die sich aus besseren Einkaufskonditionen bei höheren Produktionsmengen oder besserer Auslastung von Maschinen ergeben. Sie kann auch auf Erfahrungskurveneffekte zurückzuführen sein, die durch Lernerfolge bei der Wiederholung von Tätigkeiten entstanden sind. Schließlich können Kostenvorteile auch auf der effizienteren Organisation der internen Prozesse basieren. Ein vielzitiertes Beispiel ist hier das Unternehmen Dell, das in den neunziger Jahren durch den Einsatz der Internet-Technologie und moderner Logistiksysteme sowohl die Beschaffungs- als auch Vertriebsprozesse kostengünstiger als die Wettbewerber gestalten konnte. Die Kostenvorteile gab Dell teilweise als Preisvorteile an seine Kunden weiter. Auf diese Weise wurde der Umsatz gesteigert, was Dell wiederum die Möglichkeit zur Nutzung von Volumeneffekten gab. Dieses Beispiel macht deutlich, dass sich die Strategie der Kostenführerschaft auch im Zusammenhang mit Innovationen ergeben kann.

Die zweite Porter-Strategie der Differenzierung bezieht sich auf die Qualität einer Leistung. In diesem Fall zieht der Kunde das Produkt eines Anbieters vor, weil es eine Eigenschaft hat, die kein anderer Wettbewerber bietet. Eine solche differenzierende Eigenschaft kann im funktionalen Bereich liegen, wie die Vergrößerungsleistung eines Mikroskops von Carl Zeiss, aber auch in der Ästhetik eines Produkts oder der Reputation einer Unternehmensmarke wie Apple. Besondere Bedeutung hat in diesem Zusammenhang auch die Zeitdimension gewonnen, das heißt, die Geschwindigkeit, in der ein Anbieter seine Produkte auf den Markt bringen kann. Im Konsumgüterbereich wird hier oft das Beispiel Zara angeführt, ein Unternehmen, das noch während der großen Modemessen die Modelle kopiert und seine Low-Budget-Bekleidung umgehend über weltweit verteilte Filialen auf den Markt bringt, statt dazu, wie andere Modehäuser, mindestens ein halbes Jahr zu benötigen.

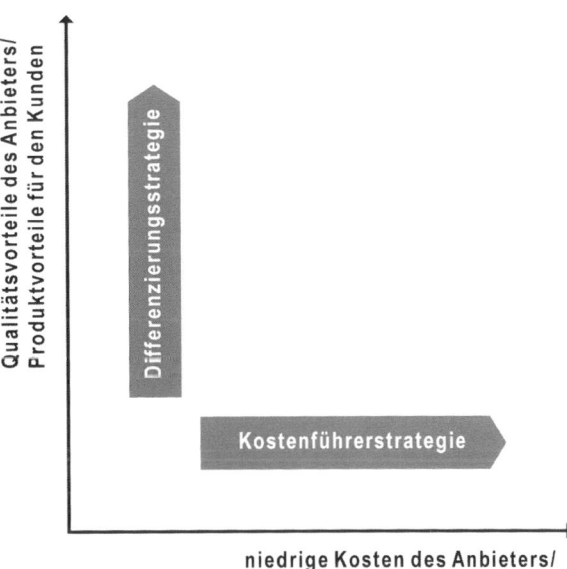

Abb. 2.3 Differenzierungsstrategie und Strategie der Kostenführerschaft. (Quelle: Eigene Darstellung in Anlehnung an Michael Porter (1980))

Aus den oben genannten Strategien der Kostenführerschaft und der Differenzierung lässt sich ein Diagramm mit zwei Achsen entwickeln (Abb. 2.3).

Dabei ist zu beachten, dass die Position eines Anbieters immer relativ zu seinen Wettbewerbern gesehen werden muss. Somit wird die Position nicht nur von dem Anbieter selbst beeinflusst, sondern auch durch die Reaktion seiner Wettbewerber. Wenn ein Unternehmen also bei seinen Kosten je Einheit stabil bleibt, die anderen Wettbewerber sich aber kostenmäßig verbessern, verschlechtert sich die Position des ersten Unternehmens Richtung „West".

Wie bei fast allen Matrizen dieser Art liegt das Optimum in „Nordost", also dort, wo ein Anbieter sowohl über Kosten- als auch Qualitätsvorteile verfügt. Um dorthin zu gelangen, schlugen Gilbert und Strebel (1987) den Ansatz des *Outpacing* vor, mit dem ein sukzessiver Wechsel der wettbewerbsstrategischen Ausrichtung verbunden ist. In diesem Fall würde ein Unternehmen nach Erreichen eines bestimmten Qualitätsniveaus an der Verbesserung der Kosten arbeiten, um sich anschließend wieder auf die Optimierung der Produktqualität zu konzentrieren. Da die strategische Ausrichtung auf Qualität und Kosten aber Elemente enthält, die sich teilweise widersprechen, ist

Abb. 2.4 Ansatz des
Outpacing und der
Produktivitätsgrenze.
(Quelle: Eigene Dar-
stellung in Anlehnung
an Michael Porter
(1996))

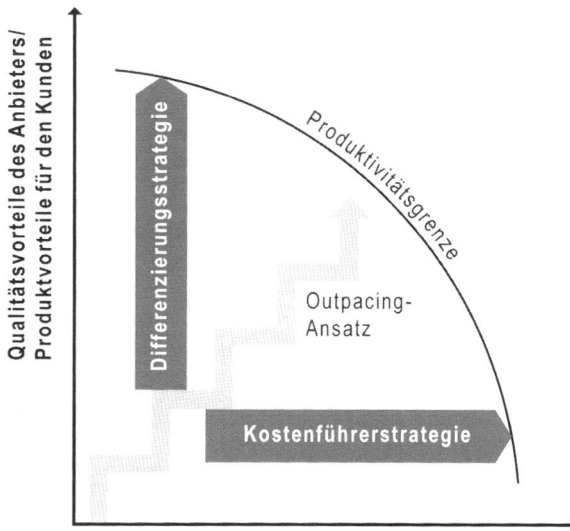

dieser Weg nicht unproblematisch. Wir werden darauf in Kap. 5 zu-
rückkommen.

Darüber hinaus wies Porter auf die Grenzen dieses Ansatzes hin,
als er 1996 das Konzept der Produktivitätsgrenze präsentierte. In
einer idealtypischen Form kann sie dargestellt werden, indem die beiden Achsen durch einen 90-Grad-Bogen miteinander verbunden werden. Hat ein Unternehmen die Produktivitätsgrenze erreicht, bestehen
Trade-off-Effekte zwischen Kostenführerschaft und Differenzierung.
Dieser Logik folgend kann ein Anbieter bei Erreichen der Produktivitätsgrenze in seinem Markt Kostenverbesserungen nicht mehr ohne
Zugeständnisse an die Qualität verwirklichen oder muss bei Quali-
tätsverbesserungen Verschlechterungen der Kostenposition in Kauf
nehmen (Abb. 2.4).

In jüngerer Zeit ist der Wirtschaftswissenschaftler W. Chan Kim
dadurch bekannt geworden, dass er die Logik Porters zumindest konzeptionell überwunden hat (Kim 2005). Gemeinsam mit seiner Kolle-
gin Renée Mauborgne veröffentlichte er 2005 *Blue Ocean Strategie*,
ein Buch, das in Management-Kreisen zum Bestseller wurde. Kim
und Mauborgne untersuchten Unternehmen, die auf gesättigten Mär-
ken deshalb eine führende Position eingenommen hatten, weil sie die

bisherigen Geschäftsmodelle in Frage stellten und neue Wege gingen. Als Beispiel wurde unter anderem der Cirque du Soleil verwendet, der in den achtziger Jahren den Kunden ein neues, unterhaltsames Zirkuserlebnis bot und gleichzeitig, etwa durch den Verzicht auf teure Raubtiervorführungen, eine bessere Kostenposition als die traditionellen Veranstalter erlangte. Nach Kim und Mauborgne geht es für den Anbieter nicht darum, mit dem Wettbewerb in Kosten und Qualität mitzuhalten oder ihm eine Nasenlänge voraus zu sein. Vielmehr soll er durch signifikante Andersartigkeit neuen Bedarf schaffen und sich auf die Weise dem Wettbewerb entziehen.

Im Grunde war die Idee von *Blue Ocean* nicht wirklich neu, denn letztlich geht es nur um das, was wir unter dem Stichwort *Innovation* kennen. Andere Beispiele dafür boten schon die logistische Prozessorganisation der Hanse im zwölften Jahrhundert, der Vertrieb durch Versandhäuser im neunzehnten Jahrhundert oder das Angebot von Pauschalreisen im zwanzigsten. Es gab Zeiten, da reduzierte sich der Innovationsbegriff auf das Produkt, doch dieses enge Verständnis wurde in den vierziger Jahren des letzten Jahrhunderts durch den Ökonom Joseph Schumpeter erweitert (Schumpeter 1961). Er sah in der Innovation das Durchsetzen von Neuerungen nicht nur im technischen, sondern auch im organisatorischen Sinn. Das deckt sich mit dem heutigen Verständnis, denn schließlich hat ein innovatives Unternehmen wie Ikea nicht die Möbel, Amazon nicht das Buch und der Cirque du Soleil nicht den Zirkus erfunden. Sie alle haben vielmehr durch innovative Veränderungen des Geschäftsmodells und der Prozesse Erfolge in ihren Märkten erzielt.

Die Nachhaltigkeit dieser Erfolge hängt davon ab, wie dauerhaft der Vorteil gegenüber den Wettbewerbern verteidigt werden kann. Gerade bei Prozessinnovationen, bei denen es keine staatlichen Regularien wie Patentschutz oder Lizenzen gibt, werden Wettbewerber umgehend versuchen, die Neuerungen zu kopieren. Nicht durch Zufall liegt der Wettbewerbsvorteil des Cirque du Soleil heute nicht mehr in der Einzigartigkeit des Kundenerlebnisses, sondern in der Größe und den damit verbundenen Kosteneffekten dieses inzwischen auf allen Kontinenten tätigen und jährlich über 800 Mio. US-Dollar Umsatz erzielenden Unternehmens. Und so kommen wir wieder zu dem Wettbewerbsvorteil eines Kostenführers beziehungsweise zu den oben vorgestellten Strategien von Porter.

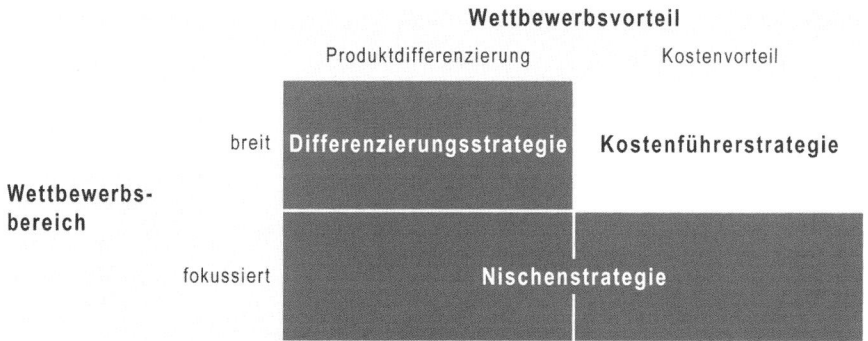

Abb. 2.5 Matrix zu den generischen Strategieansätzen von Porter. (Quelle: Eigene Darstellung in Anlehnung an Michael Porter (1980))

Allerdings müssen diese noch durch Porters dritten Denkansatz ergänzt werden. Dabei geht es um die sogenannte Nischenstrategie, das heißt, die Breite oder die Fokussierung, mit der ein Unternehmen den Markt bearbeitet. „Fokussierung" bedeutet hier, sich auf ein einzelnes Marktsegment zu beziehen; „Breite" heißt, auf alle Kundensegmente eines Marktes zu zielen. Auf dieser Basis kann eine Matrix mit vier Feldern erstellt werden (Abb. 2.5).

Prinzipiell kann ein Anbieter nach Porter bei einer fokussierten Marktbearbeitung sowohl die Strategie der Differenzierung als auch der Kostenführerschaft verfolgen. Versteht man die Nischenstrategie als Alternative zu diesen beiden Ansätzen, ist die Wahl zwischen ihnen jedoch irrelevant. Ein Anbieter hat in diesem Fall nämlich keine direkten Wettbewerber, weil seine Nischenprodukte einen ganz spezifischen Bedarf abdecken, dem andere Anbieter nicht gerecht werden. Im Konsumgüterbereich finden sich solche nahezu monopolistischen Anbieterpositionen bei Produkten, die bei bestimmten Kunden Kultstatus genießen oder als Sammelobjekte dienen, wie Käthe-Kruse-Puppen oder Wiking-Spielzeugautos. Zahlreiche Beispiele für die Nischenstrategie finden sich auch im Pharmabereich, wenn Medikamente gegen Krankheiten auf den Markt gebracht werden, die nur wenigen Menschen weltweit verschrieben werden. Mepact, ein Medikament des Unternehmens IDM Pharma gegen das Osteosarkom, einen seltenen Knochentumor, wäre so ein Fall.

Mangels relevanter Wettbewerber haben Unternehmen, die mit ihrer Nischenstrategie erfolgreich sind, in ihrem Marktbereich eine führende Rolle. Das bestätigen auch die Untersuchungen der *Hidden*

Champions des 21. Jahrhunderts von Hermann Simon, der einer Reihe dieser vielfach unbekannten kleinen und mittelgroßen Unternehmen Marktführerschaft attestiert (Simon 2007). Allerdings deckt sich diese Auffassung nicht mit der Darstellung von Nischenanbietern im 2008 erschienenen Buch *Beating the Global Consolidation Endgame – Nine Strategies for Winning in Niches* von Kroeger et al. (2008). Sie befassten sich mit den gleichen Unternehmen wie Simon, stellten sie aber in ihren Wettbewerbsanalysen als relativ kleine Marktteilnehmer vor.

Der vermeintliche Widerspruch klärt sich auf, wenn man die jeweilige Abgrenzung des in Frage kommenden Marktes beachtet. Je enger ein Markt definiert wird, desto größer kann ein Unternehmen darin erscheinen. Wird etwa der Markt für Automobile analysiert, gilt Porsche im Vergleich zu Toyota oder Ford als kleiner Anbieter. Wird jedoch die Marktabgrenzung auf hochwertige Sportwagen verengt, stellt Porsche zwischen Wettbewerbern wie Ferrari oder Aston Martin einen der größten Anbieter im Markt dar. Am Rand sei bemerkt, dass bei der populären Forderung, ein Unternehmen solle in einem Markt die Nummer eins oder wenigstens Nummer zwei sein beziehungsweise werden, der passenden Marktabgrenzung Bedeutung zukommt. Um sich ins rechte Licht zu rücken, könnte es einem Manager leichter fallen, die Kriterien zur Marktabgrenzung zu verschieben als die Wettbewerbsstärke des eigenen Geschäftsbereichs.

In der Frage der Marktabgrenzung soll hier dem Verständnis des europäischen Kartellrechts gefolgt werden. Danach ist das entscheidende Kriterium die Substituierbarkeit eines Produktes, beziehungsweise das Vorliegen von Kreuzpreiselastizitäten. Das Kundenverhalten wird hier in einem Szenario untersucht, in dem ein Anbieter seine Preise um 5 bis 10 % erhöht, wohingegen alle anderen potenziellen Wettbewerber ihr Produktangebot und ihre Preise konstant lassen. Wenn die Wettbewerber daraufhin mehr ihrer Produkte absetzen können, werden sie als dem Markt zugehörig betrachtet; wenn die Preiserhöhung keine Auswirkungen auf ihre abgesetzte Menge hat, werden sie nicht als Teil des relevanten Marktes betrachtet. Würde Porsche also eine Preiserhöhung durchführen und es daraufhin keine Auswirkungen auf die Absatzzahlen von Ford geben, wären die beiden Anbieter nicht im selben Markt tätig. Stiege stattdessen die Nachfrage nach Ferraris, würde diese Marke als Teil des für Porsche relevanten Marktes angesehen werden.

Für die nächsten Kapitel stellen Porters Ansätze eine gute Grundlage dar, denn dort wird es um die aktuelle und künftige Umsetzung dieser Strategien durch westliche Technologie-Unternehmen auf B2B-Märkten gehen. Dabei handelt es sich um einen dynamischen Prozess, denn die Änderungen im marktlichen, technischen und politischen Umfeld zwingen die Unternehmen, immer wieder zu hinterfragen, auf welchen Märkten sie tätig sein und wie sie ihren Wettbewerbsvorteil erlangen können.

2.2   Advanced Premium Goods

Bevor wir uns in Kap. 3 und 4 mit den neuen Umsetzungsformen der oben genannten Wettbewerbsstrategien befassen, werfen wir zunächst einen Blick auf die gegenwärtige Situation im B2B-Geschäft. Als Beispiele nehmen wir deutsche Unternehmen, die zu den führenden Technologie-Exporteuren gehören. Ihre Situation ist auch für ihre westlichen Wettwerber symptomatisch, und was für Siemens gilt, gilt ebenso für General Electric, ABB oder Alstom.

In Deutschland gibt es die bekannten großen Technologie-Konzerne wie Volkswagen, Siemens, Daimler, Bosch oder BASF. Volkswirtschaftlich wichtiger sind für das Land jedoch die Unternehmen mit einem Umsatz zwischen 50 Mio. und einer Milliarde Euro. Das oben erwähnte Buch *Hidden Champions* machte einige von ihnen – wie Baader (Filetiermaschinen), Herrenknecht (Tunnelvortriebsanlagen) oder Putzmeister (Betonpumpen) – weltweit bekannt. Der durchschnittliche Umsatz der von Simon in Deutschland untersuchten Unternehmen betrug 324 Mio. Euro p. a. Sie beschäftigen jeweils knapp über 2.000 Mitarbeiter und sind hauptsächlich auf B2B-Märkten tätig.

Seit Jahrzehnten lässt sich die wettbewerbsstrategische Ausrichtung der Technologie-Unternehmen durch drei Aspekte charakterisieren:

Erstens verfolgen sie eine Differenzierungsstrategie beziehungsweise streben nach Qualitätsführerschaft. Die Strategie der Kosten- oder Preisführerschaft ist unüblich. In seiner Analyse deutscher Hidden Champions zeigte Hermann Simon, dass die Preise dieser Unternehmen klar über denen der Konkurrenten liegen und die befragten

Manager darin den größten Nachteil im Wettbewerbsvergleich sahen. Zum einen ist das in den volkswirtschaftlichen Rahmenfaktoren begründet, denn die Löhne in Deutschland sind hoch und die mittelständischen Unternehmen haben einen hohen Anteil an Beschäftigten im Inland. Zum anderen nehmen dieselben Manager diesen Wettbewerbsnachteil bewusst in Kauf und sind auf ihre Preise sogar stolz. Das entspricht einer Differenzierungsstrategie, nach der man sich nicht durch niedrige Preise profiliert, sondern über Preise die Qualität der eigenen Produkte hervorhebt.

Zweitens fokussieren sich diese Unternehmen in ihrem Qualitätsstreben auf Sachgüter im engeren Sinn. Zwar wurde in den vergangenen Jahren auch an der Verbesserung von Liefergeschwindigkeit und Wartungsservice gearbeitet, doch das sind eher Angebotsergänzungen für die im Mittelpunkt stehende Produkttechnologie. In diesem Zusammenhang sei noch einmal auf die Untersuchung der Hidden Champions in Deutschland verwiesen, in der die befragten Manager angaben, dass die Produktqualität für sie den größten Wettbewerbsvorteil ihrer Angebote darstelle.

Drittens haben diese Unternehmen ihre Qualitätsführerschaft durch Verbesserungen in kleinen Schritten ausgebaut und weniger versucht, die Wettbewerbsstrukturen durch revolutionäre Neuerungen zu verändern. Dazu passt die 1978 von William Abernathy eingeführte Differenzierung der *Incremental* und *Radical Innovations* ebenso wie die Trennung in *Sustaining* und *Disruptive Innovations*, die Clayton M. Christensen 1997 (Christensen 1997) erläuterte (Abernathy 1978). Erstere verbessern ein existierendes Produkt auf der Basis vorhandener Kompetenzen; Letztere finden völlig neue Wege zur Lösung eines Kundenproblems und stellen die in einem Unternehmen als zentral geltenden Kompetenzen in Frage. Etliche der westlichen Technologie-Unternehmen sind zwar mit disruptiven Innovationen in den Markt eingetreten, wie Siemens mit der Erfindung der Dynamomaschine oder Bosch mit der Zündkerze für Motoren; dank des Perfektionsdrangs ihrer Ingenieure haben sich ihre Entwicklungsabteilungen später jedoch vorrangig auf die Verbesserung der existierenden Produkte konzentriert. Dadurch wird üblicherweise kein neuer Bedarf geschaffen, wie es Kim und Mauborgne in *Blue Ocean* vorschlagen. Da viele deutsche Technologie-Unternehmen seit Langem existieren, deckt sich diese Einschätzung mit den Forschungsergebnissen von

Christensen, nach denen disruptive Innovationen überwiegend von Start-up-Unternehmen eingebracht werden (Christensen 2011).

Die klassischen Produkte traditioneller Technologie-Unternehmen bezeichnen wir als *Advanced Premium Goods*. Bei ihnen steht das physische Produkt im Mittelpunkt, das über technikbasierte Wettbewerbsvorteile verfügt und in seinen anderen Eigenschaften gleichermaßen höchsten Qualitätsstandards entspricht. Üblicherweise setzen sich Advanced Premium Goods auf Märkten durch, in denen Produkte zahlreicher Wettbewerber existieren und die Anbieter eine Differenzierungsstrategie verfolgen. Beispiele sind die Premium-Autos von Mercedes und BMW, die Mobiltelefone von Apple, IT-Netzwerkelemente von Cisco und Hochgeschwindigkeitszüge von Alstom. Teilweise verfolgen die Anbieter von Advanced Premium Goods aber auch eine Nischenstrategie. So verfügt die schweizerische Koenig & Bauer Group bei den sicherheitssensiblen Maschinen zum Druck von Banknoten über einen Marktanteil von über 90 % und stößt in ihrem Segment auf keinen ernstzunehmenden Wettbewerber. Gleiches gilt für Gerriets, ein deutsches Unternehmen, das weltweit elektrische Vorhangsysteme für Großbühnen herstellt.

Die Wachstumsentwicklung dieser Anbieter wird durch den Ausbau produktnaher Services wie Reparatur und Wartung gekennzeichnet oder im Sinne der Ansoff-Matrix durch Produktentwicklung. Bei Letzterer erschließen sie sich neue Produktbereiche, bei denen es sich gleichermaßen um Advanced Premium Goods handelt und die insofern keine strategischen Änderungen im Unternehmen erfordern. Ein Beispiel ist GEA, das unter anderem ein weltweit führendes Unternehmen für industrielle Klimageräte ist und jüngst mit WTT ein Unternehmen erworben hat, dass qualitativ hochwertige Plattenwärmetauscher herstellt, die ebenfalls als Komponente der Klimatechnologie eingesetzt werden.

2.3 Neue strategische Herausforderungen

Die Herausforderungen für die Anbieter von Advanced Premium Goods werden anhand von zwei Trends deutlich: zum einen der globalen Entwicklung der Nachfrage und zum anderen der Änderung der Wettbewerbsstrukturen. Bei beiden Trends handelt es sich nicht um

Dinge, die ein Unternehmen zu raschen Umstellungen zwingen, sondern um bekannte und langfristige Entwicklungen, die den Unterneh-
mensführungen genügend Zeit lassen, sich darauf einzustellen.

Die globalen Verschiebungen der Nachfrage werden vor allem
durch den Anstieg des Bruttoinlandsprodukts der Volkswirtschaften
geprägt, die im ersten Kapitel vorgestellt wurden, insbesondere China
und Indien. Das starke Wachstum in diesen Ländern beruht in erster Linie auf dem Kaufanstieg der Menschen dort, selbst wenn deren
Einkommen noch deutlich unter dem Durchschnitt in den Industrieländern liegt. Dennoch haben diese neuen Kunden zunehmend Geld.
Die Produkte, die sie erwerben, müssen jedoch eher preiswert als
hochwertig sein. Das gilt im Konsumgütergeschäft ebenso wie für
die nachgelagerten B2B-Märkte. Auf Letzteren erwarten die Kunden
von ihren Zulieferern oft Preise, die 70–80 % unter dem etablierten
Niveau liegen. Diesem Bedarf werden die Technologie-Unternehmen,
die sich mit Advanced Premium Goods auf qualitätsorientierte Kunden konzentriert haben, nicht gerecht. Doch da die Nachfrage bei den
relativ zahlungsschwachen Kunden in den Schwellen- und Entwicklungsländern weitaus stärker wächst als im Premium-Bereich, wird
der Marktanteil der Advanced Premium Goods sinken und die Position ihrer Produzenten im globalen Wettbewerb geschwächt werden.

Die Anbieter aus den neuen Märkten sehen auf ihren Heimatmärkten dagegen ihre Chance auf Wachstum. Wettbewerbsstrategisch basiert ihr Markteintritt gewöhnlich auf Prozessinnovationen, mit denen
sie sich Kostenvorteile verschaffen. Mitunter besteht diese Innovation
lediglich darin, Produktionsprozesse, für die etablierte Unternehmen
teure Maschinen einsetzen, durch billige Arbeitskräfte ausführen zu
lassen. Die entstehenden Kostenvorteile nutzen sie für günstige Angebote und entsprechen auf diese Weise den Preiserwartungen der Kunden oder übertreffen sie sogar. Die Qualität dieser neuen Produkte,
Liefergeschwindigkeit, Beratungs- und Reparatur-Service sind üblicherweise schlecht, zumindest bei Markteintritt. Oft werden Produkte
oder ihre Elemente einfach kopiert, doch so ähnlich sie dem Original
auf den ersten Blick auch scheinen, so unterlegen sind sie in Bezug
auf Langlebigkeit und Stabilität. Konzeptionell setzen die neuen Anbieter also zuerst einmal auf Kostenvorteile und stehen dadurch noch
nicht in direktem Wettbewerb mit den Anbietern der Advanced Premium Goods.

Allerdings nutzen die neuen Wettbewerber ihre Gewinne, die sie in den Wachstumsmärkten erwirtschaften, um ihre Defizite in puncto Qualität aufzuholen. Mit anderen Worten, sie verfolgen den Strategieansatz des Outpacing. Toyota hat es vor vielen Jahren vorgemacht: Die ersten, in den 1970er Jahren nach Europa importierten Toyotas in der Kompaktklasse waren die einfachen Corolla und Carina, unattraktive PKW, über deren Aussehen und niedrige Preise sich etablierte Hersteller wie ihre Kunden mokierten. Bereits fünfzehn Jahre später hatte sich die Lage geändert. Da reisten westliche Manager scharenweise nach Japan, um zu lernen, wie qualitativ exzellente Autos effizient produziert werden konnten; zu diesem Zeitpunkt hatte Toyota die Qualität seiner Fahrzeuge bereits so weit gesteigert, dass sich große Käuferschichten in Europa und Amerika für den Kauf dieser Autos entschieden. Es begann im Segment der Kleinwagen, erfasste den Mittelklassebereich und schließlich auch die Premiumfahrzeuge und Lieferwagen. Mittlerweile ist Toyota – trotz der Imageschäden der letzten Jahre – eine der wertvollsten Automarken weltweit. Unter den Fortune Global 500 lag Toyota Motors im Jahr 2010 auf Platz fünf (Abb. 2.6).

Indischen Automobilherstellern wie Tata Motors oder chinesischen Produzenten wie Great Wall Motors, Geely International und der Shanghai Automotive Industry Corporation (SAIC) dient diese Erfolgsgeschichte heute als Vorbild. SAIC verkaufte im vergangenen Jahr bereits deutlich mehr Automobile als BMW. Gerade in China lässt sich noch eine Reihe weiterer Erfolgsbeispiele für die Outpacing-Strategie finden. Außer ZPMC – das diesen Ansatz im Zeitraffertempo umgesetzt hat – und Huawei sei hier auch Suntech erwähnt, das das deutsche Unternehmen Q-Cells als weltweit führenden Hersteller von Solarzellen abgelöst hat. Als Indikator für das Streben der neuen Wettbewerber, den Qualitätsstandard ihrer Produkte zu verbessern, können auch die Investitionen in Forschungs- und Entwicklungsaktivitäten herangezogen werden. Vor allem in China sind sie stark gestiegen, seit 2000 durchschnittlich um 23 %, und zwar nicht nur absolut, sondern auch in Relation zum Bruttoinlandsprodukt. Noch haben die Chinesen mit knapp unter 2 % des Bruttoinlandsprodukts den Anteil Deutschlands von 2,7 % nicht erreicht, doch Länder wie Großbritannien wurden schon überholt (Abb. 2.7).

Im Jahr 2009, das bei vielen Unternehmen als Krisenjahr gilt, erhöhte Huawei seine Kosten für Forschung und Entwicklung (F&E)

Abb. 2.6 a Der erste
Toyota Corolla in
Deutschland, **b** der
Toyota Lexus heute.
(Quelle: Toyota)

von 8,4 auf 8,9 % des Jahresumsatzes, der in besagtem Jahr ebenfalls
stieg. Die meisten deutschen Technologieunternehmen kürzten 2009
die F&E-Ausgaben, wenn auch nicht im gleichen Maß, wie ihr Umsatz sank. Nach einer Studie von Booz & Company verringerten sich
die F&E-Budgets 2009 in Europa insgesamt um 0,2 %; in Nordamerika sogar um 3,8 %. Besonders deutlich wird dieser Trend bei Hewlett
Packard, wo die Ausgaben für F&E seit 2005 reduziert wurden und
2009 nur noch 2,5 % des Jahresumsatzes betrugen.

Unter anderem schlagen sich die F&E-Investitionen auch in der
Zahl der Patentanmeldungen nieder. In diesem Punkt spielt China
ebenfalls eine herausragende Rolle, denn kein Land weist in diesem
Bereich so hohe Wachstumsraten auf. In Deutschland, wie in anderen
westlichen Ländern auch, ist die Anzahl der Patentanmeldungen ge-

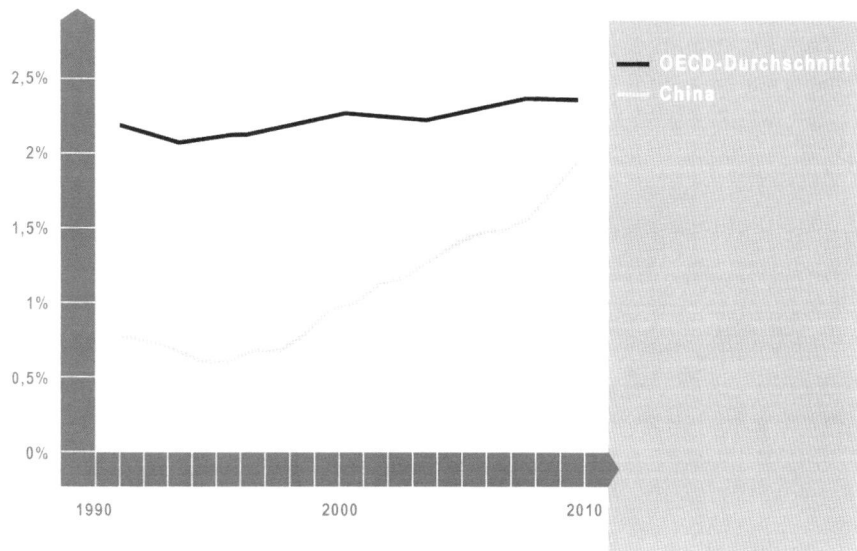

Abb. 2.7 Prozentuale Ausgaben für Forschungs- und Entwicklungsaktivitäten im Verhältnis zum Bruttoinlandsprodukt. (Quelle: Originally published by OECD in English in: OECD (2010), OECD Science, Technology and Industry Outlook 2010, OECD Publishing, http://dx.doi.org/10.1787/sti_outlook-2010-en. (The OECD does not guarantee the accuracy of the translation and accepts no responsibility whatsoever for any consequence of its interpretation or use))

sunken; in einer Studie des Medienkonzerns Thomson Reuters aus dem Jahr 2010 wird davon ausgegangen, dass 2011 China das Land mit den meisten Patentanmeldungen sein wird (Abb. 2.8).

Allerdings kann die Quantität der Patente nicht mit ihrer Qualität gleichgesetzt werden. Die hohen Boni, die derzeit in China für Patentanmeldungen gezahlt werden, bringen nicht zwangsläufig brauchbare Innovationen hervor. Dennoch machen sie klar, dass China der Rolle des reinen Billiganbieters und Nachahmers entwachsen wird und durch verbesserte Produkte Kunden mit höheren Qualitätsansprüchen gewinnen kann. Früher oder später wird das auch gelingen. Weitere Unternehmen der Schwellen- und Entwicklungsländer werden den Erfolgsbeispielen von ZPMC, Huawei und Suntech folgen und eine Produktqualität erreichen, die sie zu ernsten Wettbewerbern der etablierten Anbieter von Advanced Premium Goods macht. Dann werden die neuen Unternehmen nicht mehr nur die zahlungsschwächeren Segmente in ihren Heimatmärkten bedienen, sondern auch die an-

Entwicklung von Basispatenten*

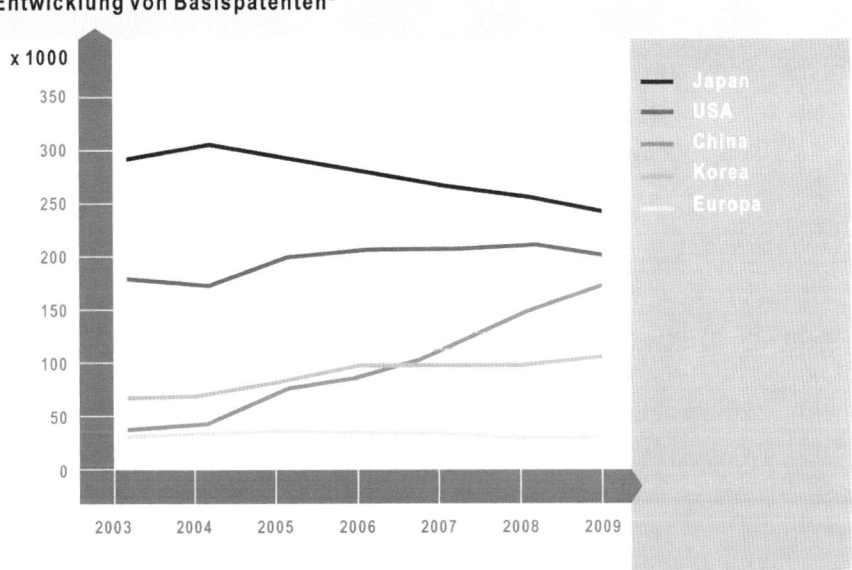

* Erfindungen, die zuerst in der Region patentiert werden
(eingetragene Patente, die später zur Herstellung, zum Gebrauch und Verkauf in einer
anderen Region verwendet werden, sind hier nicht eingeschlossen).

Abb. 2.8 Entwicklung nationaler Patentanmeldungen. (Quelle: IP Solutions business of Thomson Reuters (2011). Patented in China. URL: http://ip. thomsonreuters.com/chinapatents2010/China_Report_0810.pdf[20.05.2011].

gestammten Kunden westlicher Technologie-Unternehmen. Das gilt umso mehr, wenn die Premium-Kunden ihren bisherigen, vorwiegend westlichen Lieferanten gegenüber keine Loyalität empfinden und Geschmack an billigeren Produkten gewinnen. Auf diese Gefahren kommen wir den nächsten Kapiteln zurück.

Um den Weg zu einem höheren Qualitätsniveau zu verkürzen, gehen die neuen Wettbewerber teils auch dazu über, etablierte Unternehmen zu kaufen. Die Übernahme von Volvo durch den chinesischen Autobauer Geely ist ein Beispiel dafür, wie ein Produzent aus den neuen Märkten in den Kreis prominenter Unternehmen vorstoßen kann; ähnliches gilt für die Akquisition des PC-Geschäfts von IBM durch Lenovo. Weitgehend unbemerkt von der breiten Öffentlichkeit ist in den letzten Jahren auch die Übernahme einer Reihe mittelständischer Technologie-Unternehmen vonstattengegangen. In Deutschland handelte es sich dabei unter anderem um Schiess, die seit 150 Jahren große Bohr- und Fräsmaschinen herstellen. Inzwischen wurde das

Unternehmen von der Shenyang Machine Tool Corporation übernommen. Dem direkten Wettbewerber von Schiess, dem Weltmarktführer Waldrich Coburg aus Franken, erging es nicht anders. Er wurde von dem chinesischen Maschinenbauer Beijing No. 1 Machine Tool Plant geschluckt. Nach Berechnungen der ChinaVenture Group, einem in Peking beheimateten Beratungsunternehmen, wurden 2010 von chinesischer Seite etwa 82 Mrd. US-Dollar in die Übernahme von ausländischen Unternehmen investiert.

Allerdings geht es bei dieser Tendenz nicht nur um China, selbst wenn der wirtschaftliche Aufstieg dort am eindrucksvollsten verläuft. Auch in anderen Entwicklungs- und Schwellenländern gibt es Unternehmen, die mit Kostenvorteilen erfolgreich neue Wachstumssegmente ansprechen, stetig in die Verbesserung der eigenen Produktqualität investieren und sich nicht scheuen, westliche Premium-Anbieter zu übernehmen. Beispielsweise hat das indische Unternehmen Suzlon sein Geschäft mit Windkraftanlagen 2007 durch die Übernahme von Repower, einem führenden deutschen Hersteller auf dem Gebiet, vorangebracht. Größere Aufmerksamkeit hat 2008 die Übernahme von Jaguar Land Rover durch Tata Motors erregt. Für den Tata-Konzern war diese Akquisition in Höhe von 2,3 Mrd. US-Dollar dagegen nur eine kleinere Transaktion, jedenfalls im Vergleich zu seiner Übernahme des britischen Stahlherstellers Corus im Jahr 2007, für den das indische Unternehmen 12,2 Mrd. US-Dollar zahlte. Diese Aufzählung global stark expandierender Unternehmen ließe sich durch Beispiele aus Brasilien, Mexiko, der Türkei oder Russland ergänzen.

Dabei wird von westlicher Seite gerade in Bezug auf chinesische und russische Unternehmen gern auf Wettbewerbsverzerrungen wegen deren staatlicher Unterstützung hingewiesen. Das mag in Einzelfällen auch zutreffen, doch der Vorwurf lenkt davon ab, dass den neuen Anbietern vor allem ihre überdurchschnittlich hohe Profitabilität die finanziellen Mittel für Investitionen verschafft. Das wird in einer Studie der Boston Consulting Group von 2011 deutlich, in der hundert Unternehmen aus *Rapidly Developing Economies* (RDEs) untersucht wurden, die sich auf den Weltmärkten als Wettbewerber westlicher Unternehmen etabliert haben. Dabei zeigt sich, dass nicht nur das Umsatzwachstum dieser *Global Challengers* von 2000 bis 2009 durchschnittlich dreimal stärker war als das ihrer *Global Peers* aus den Industrienationen, sondern auch ihre Gewinne über 50 % höher lagen (Abb. 2.9).

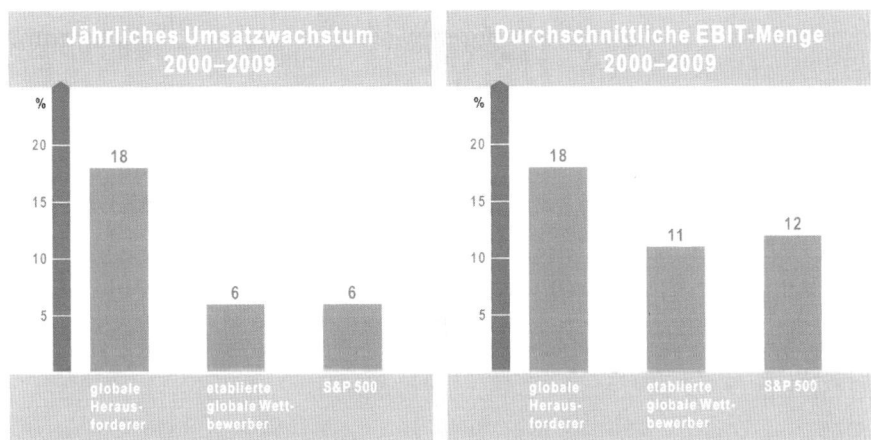

Abb. 2.9 Umsatz und Gewinnentwicklung von Global Challengers und Global Peers von 2000–2009. (Quelle: The Boston Consulting Group (2011). Companies on the Move. URL: http://www.bcg.com/documents/file70055. pdf[20.05.2011])

2.4 Wege aus dem Dilemma

Möglichkeiten zur Bewältigung der aufgezeigten Herausforderungen können durch die Konzepte von Porter verdeutlicht werden. Dabei stehen für die etablierten Anbieter von Advanced Premium Goods zwei Optionen im Mittelpunkt:

- Sie treten gegen die neuen Billig-Anbieter in puncto Kostenführerschaft an. Das bedeutet, dass sie Produkte anbieten, die zwar eine geringere Qualität als ihre üblichen Angebote aufweisen, aber aufgrund günstiger Kostenstrukturen preislich mit den neuen Konkurrenten mithalten können. Diesen Ansatz bezeichne ich als No-Frills Technology (NFT).
- Sie verfolgen weiterhin die Strategie der Qualitätsführerschaft, verlagern ihren Schwerpunkt jedoch vom sachgutbezogenen Produkt auf komplexe Dienstleistungen. Dem Komplexitätsgrad kommt dabei besondere Bedeutung zu, da die dazugehörigen Kompetenzen Wettbewerbern das Kopieren erschweren. Bei dieser Option spreche ich von Complex Service Solutions (CSS).

Beide Ansätze, No-Frills Technology und Complex Service Solutions, sind in den traditionellen Technologie-Unternehmen derzeit noch atypische Erscheinungen. In Zukunft wird ihre Bedeutung jedoch wachsen und es gibt bereits Unternehmen, die in dieser Hinsicht Erfahrungen gesammelt haben. In den nächsten beiden Kapiteln dienen sie als Beispiele, um die Vor- und Nachteile der beiden Ansätze zu untersuchen.

All das bedeutet nicht, dass Anbieter mit einer traditionellen Strategieausrichtung auf Advanced Premium Goods nicht mehr erfolgreich sein können. Ein Unternehmen wie Carl Zeiss, das in forschungsintensiven Nischenmärkten wie der Herstellung von Molekularmikroskopen oder optischen Schlüsselkomponenten für Waferstepper (Maschinen für die Produktion kleinster Halbleiterplatten) tätig ist, wird seine führende Position auch ohne große strategische Umstellungen noch eine Zeitlang behaupten können. Andere Technologie-Unternehmen dagegen sehen ihre Wettbewerbsvorteile auf den globalisierten Märkten zunehmend schmelzen. Für sie sind die folgenden Kapitel gedacht.

2.5 Kernaussagen

- Bei wettbewerbsstrategischen Überlegungen geht es vorrangig darum, Wettbewerbsvorteile zu erzielen. Nach den generischen Optionen von Porter können sich Anbieter auf einem Markt Wettbewerbern gegenüber entweder durch Kostenvorteile oder qualitätsbezogene Differenzierung profilieren.
- Eine Vielzahl westlicher Technologie-Unternehmen verfügen in ihren Märkten über eine führende Position auf Basis von *Advanced Premium Goods*; Letztere zeichnen sich durch fortschrittliche Technik und hohe Produktqualität aus.
- Das stärkste wirtschaftliche Wachstum findet weltweit unter Kundengruppen aus den Schwellen- und Entwicklungsländern statt, bei denen für Premiumprodukte keine Zahlungsbereitschaft besteht.
- Die neuen Wachstumsmärkte werden von neuen Wettbewerbern aus den Schwellen- und Entwicklungsländern bedient, die sich im Lauf der Zeit auch an die qualitätsbewussten Kunden der Advanced Premium Goods wenden werden.
- *No-Frills Technology* und *Complex Service Solutions* sind zwei Ansätze für etablierte Technologie-Unternehmen, um wettbewerbsstrategisch den Herausforderungen aktueller Marktentwicklungen zu begegnen.

Weiterführende Literatur

Abernathy W (1978) Productivity dilemma: Road block to innovation in the automobile industry. Johns Hopkins University Press, Baltimore

Ansoff HI (1966) Management-Strategie. verlag moderne industrie, Landsberg

Busch A (2009) Wirtschaftsmacht Brasilien: Der grüne Riese erwacht. Carl Hanser Verlag, München

Chandler AD (1969) Strategy and structure. Chapters in the history of the American industrial enterprise. MIT Press, Cambridge

Chesbrough HW (2006) Open business models. Oxford University Press, New York

Christensen CM (2011) The Innovators Dilemma: Warum etablierte Unternehmen den Wettbewerb um bahnbrechende Innovationen verlieren. Vahlen Franz Gmbh, München

Christensen CM, Raynor ME (2003) The innovator's solution: Creating and sustaining successful growth. Harvard Business Press, New York

Clausewitz C von (2010) Vom Kriege. In: Rowohlts Klassiker der Literatur und Wissenschaft, Deutsche Literatur, Bd. 12 (1963). Rowohlt Verlag, Reinbek

Gilbert X, Strebel P (1987) Strategies to outpace the competition. J Bus Strategy 8(1):28–36

Kim WC, Mauborgne R (2005). Blue ocean strategy: How to create uncontested market space and make the competition irrelevant. MA: Harvard Business School Press, Boston

Kroeger F, Vizjak A, Moriarty M (2008) Beating the global consolidation endgame: Nine strategies for winning in niches. McGraw-Hill, New York

Oetinger B von, Bassford C, Ghyczy T von (2003) Clausewitz: Strategie denken. AHA-Buch GmbH, München

Porter ME (1983) Wettbewerbsstrategie. Methoden zur Analyse von Branchen und Konkurrenten. Campus Verlag, Frankfurt a. M.

Porter ME (1996) What is strategy? Harv Bus Rev 74(6):61

Prahalad CK (2010) Ideen gegen Armut. Der Reichtum der Dritten Welt. Redline, München

Schumpeter JA (1961) Konjunkturzyklen. Eine theoretische, historische und statistische Analyse des kapitalistischen Prozesses. Bd. I. Vandenhoek & Ruprecht, Göttingen

Simon H (2007) Hidden Champions des 21. Jahrhunderts: Die Erfolgsstrategien unbekannter Weltmarktführer. Campus Verlag, Frankfurt a. M.

Verma S, Sanghi K, Michaelis H, Dupoux P, Khanna D, Peters P (2011) Companies on the move: rising stars from rapidly developing economies are reshaping global industries. Report, Boston Consulting Group, Januar 2011

Yao X, Watanabe C, Li Y (2009) Institutional structure of sustainable development in BRICs: focusing on ICT utilization. Technol Soc 31(1):9–28

No-Frills Technology (NFT)

3

3.1 Siemens Cerberus ECO

Seit 1998 ist die Siemens Building Technologies (SBT) auf dem Markt für Gebäudetechnik tätig. Das Unternehmen bietet Produkte im Bereich Beleuchtung, Wasser-, Wärme- und Energieversorgung und Sicherheit an. Diese vertreibt es sowohl einzeln wie auch als Gesamtlösungen für große Gebäudekomplexe, beispielsweise Flughäfen und Kraftwerke. Einer der Geschäftsbereiche ist die Gruppe Fire Safety & Security Products, die 2007 etwa 6,3 Mrd. Euro Umsatz erzielte und die Konzernvorgaben eines ROCE von 14 bis 16 % knapp erfüllte. Das Produktangebot dieser Gruppe umfasst Feuer- und Rauchmelder, die unter der Decke und an den Wänden montiert werden, Informations- und Wasserleitungssysteme sowie sogenannte Management-Panel, in denen die Informationen aus allen Bereichen eines Gebäudes zusammenlaufen. In Notfällen können von ihnen aus zentrale Hilfsmaßnahmen initiiert werden. Unter dem Markennamen Sinteso hat SBT in diesem Bereich eine Produktfamilie etabliert, die auf Business-to-Business-Märkten als qualitativ führende Systemlösung gilt. Die regionalen Schwerpunkte des Verkaufs lagen bis vor wenigen Jahren in Westeuropa und den USA. Darüber hinaus wurden einige institutionelle Nachfrager aus anderen Ländern beliefert, unter anderem in China. In solchen Fällen lag die Verantwortung für den Vertrieb bei den Landesgesellschaften, die Siemens als bereichsübergreifende Einheiten in über 190 Ländern der Welt etabliert hat. Diese Landesgesellschaften waren auch für die After-Sales-Services in ihrer Region zuständig. Mit diesen Dienstleistungen, insbesondere Wartung und Reparatur beziehungsweise Ersatzteilgeschäft, wurde der größte Teil der Sinteso-Gewinne erwirtschaftet.

O. Plötner, *Counter Strategies im globalen Wettbewerb*,   47
DOI 10.1007/978-3-642-28138-9_3,
© Springer-Verlag Berlin Heidelberg 2012

Die zentralen Wettbewerber der SBT in diesem Geschäft waren seit Jahrzehnten amerikanische Unternehmen wie General Electric, UTC und Honeywell. Diese Marktsituation änderte sich nach 2000. Dank des wirtschaftlichen Wachstums in den BRIC-Staaten wurde insbesondere in China eine Vielzahl gewerblicher Neubauten errichtet. Folglich stieg die Nachfrage nach Gebäudetechnik dort an, und regionale Anbieter bildeten sich als Wettbewerber heraus. Zu ihnen gehörte der damals selbständige chinesische Hersteller GST. Die einheimischen Unternehmen boten ihren Kunden Produkte an, die zwar technisch simpler und qualitativ weniger leistungsfähig waren, jedoch die national geforderten Sicherheitsvorgaben erfüllten und preislich bis zu 60 % niedriger lagen. Auf die Weise wuchsen diese Wettbewerber in wenigen Jahren zu Unternehmen heran, von denen man annehmen konnte, dass sie nach der Phase regionaler Konzentration in die internationalen Märkte expandieren würden.

2007 beschloss die SBT-Leitung, der geschäftlichen Bedrohung durch diese Entwicklung entgegenzuwirken. Der Plan war, in China eine neue Produktlinie auf den Markt zu bringen, die in Preis und Leistung mit den regionalen Anbietern konkurrieren konnte. Zu diesem Zweck gründete SBT in Peking eine Geschäftseinheit. Zur Entwicklung der Produkte wurden einheimische Ingenieure eingestellt, die mit dem spezifischen chinesischen Bedarf vertraut waren. Nur anfangs wurden sie von erfahrenen Kollegen aus der Zentrale in Zug in der Schweiz unterstützt. Die Verantwortung für die Entwicklung der marktgerechten Produktlinie blieb bei den chinesischen Kollegen. Gleiches galt später für die Produktion und das Produkt-Management, das auch das gesamte Marketing umfasste.

Allerdings erfüllte diese chinesische Produktlinie lediglich die Basisanforderungen vor Ort: Es konnten Feuer durch Rauchmelder entdeckt, Alarme ausgelöst und Löschmaßnahmen eingeleitet werden. Der Überblick, den die chinesischen Management-Panel über die Räume eines Gebäudes gaben, war im Vergleich zu dem Sinteso-Äquivalent eingeschränkt; Fehlalarme konnten nicht immer vermieden werden, und die Erweiterung einer Anlage war, im Gegensatz zum Sinteso-System, nur mit großem Aufwand möglich. Diese Unterschiede waren zum einen den ehrgeizigen Kostenzielen für die chinesischen Produkte zu verdanken, zum anderen sollte ganz bewusst ein Qualitätsunterschied zu den Premiumprodukten hergestellt werden.

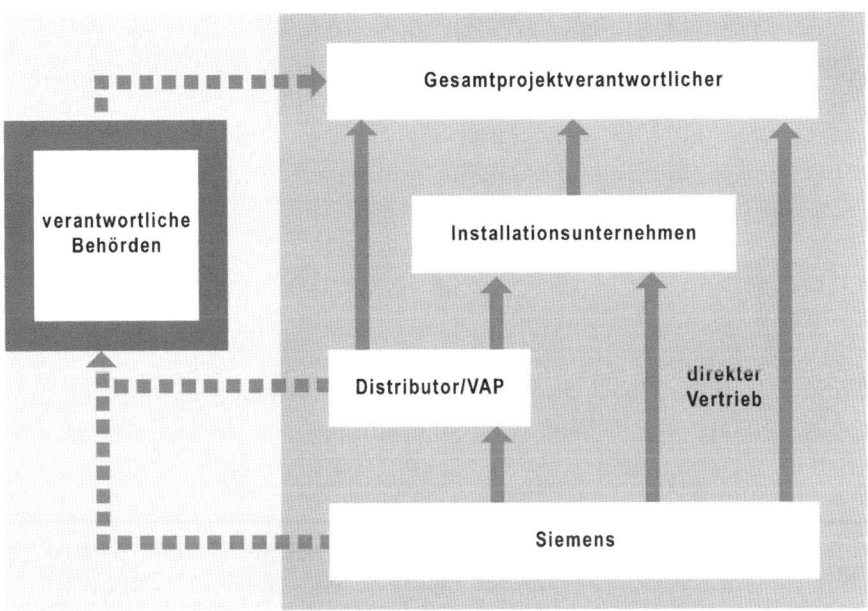

Abb. 3.1 Distributionsstruktur Cerberus ECO. (Quelle: Eigene Darstellung in Anlehnung an Siemens AG)

Als Bezeichnung der neuen Produktlinie griff SBT auf den Namen der Cerberus AG zurück, ein renommiertes schweizerisches Unternehmen, das SBT einige Jahre zuvor übernommen hatte. Cerberus, hatten die SBT-Marketing-Verantwortlichen festgestellt, war als Marke auch auf außereuropäischen Märkten bekannt und angesehen. Somit entstand für den chinesischen Markt ein neues Produkt namens Cerberus ECO. 2011 beschäftigte dieser Bereich bereits etwa vierhundert Ingenieure.

Für den zunächst auf China beschränkten Vertrieb entschieden sich die SBT-Verantwortlichen gegen den Direktvertrieb durch die in Peking ansässige Landesgesellschaft Siemens China Ltd. Cerberus sollte vorrangig in den Städten der westlichen Provinzen Chinas vertrieben werden, in denen Siemens China Ltd. bisher kaum vertreten war. Deswegen bevorzugte SBT die besser ausgebauten Vertriebskanäle chinesischer Distributionsunternehmen, die mit Bau- und Installationsfirmen zusammenarbeiteten. Den Mitarbeitern dieser Distributoren bot SBT Produktschulungen an, in denen die Informationen für den Verkauf ebenso wie Kenntnisse in Wartungs- und Reparaturarbeiten vermittelt wurden. Die Struktur der Vertriebswege ist in Abb. 3.1 dargestellt.

Die Entwicklung des Cerberus-Geschäfts erfüllte die anfänglichen
Hoffnungen sowohl was den Umsatz, als auch das Ergebnis betraf.
Ende 2010 waren bereits circa 250.000 Feuermelder verkauft worden.
Allerdings gab es in den ersten Jahren noch preispolitische Anpassungen, denn die Gewinnerwartungen von SBT und den chinesischen
Vertriebspartnern musste mit der Zahlungsbereitschaft der Kunden
und der Positionierung der neuen Marke in Einklang gebracht werden. Zu guter Letzt wurde daraus jedoch eine solch überzeugende Erfolgsgeschichte, dass SBT sich schließlich fragte, ob die chinesischen
Cerberus-Produkte nicht auch in anderen Ländern vermarktet werden
könnten. Diese Überlegung gewann an Bedeutung, als im Frühjahr
2010 bekannt wurde, dass das amerikanische Konkurrenzunternehmen UTC den chinesischen Hersteller GST übernehmen würde. Noch
2010 wurde damit begonnen, die Cerberus-Produkte auch in Indonesien und Vietnam einzusetzen, die Einführung in Brasilien und Russland geschah 2011 und die Expansion in weitere Länder geplant.

Die hier skizzierte Entwicklung des Cerberus-Geschäfts mag auf
den ersten Blick nicht so spektakulär sein wie die im ersten Kapitel
beschriebene Geschichte der ZPMC. Womöglich liegt das daran, dass
der weltweite Erfolg eines rein chinesischen Technologie-Unternehmens wie ZPMC derzeit noch als ungewöhnlich gilt, oder zumindest
der kurze Zeitraum, in dem er erreicht wurde. Aus strategischer Sicht
ist die Markteinführung von Cerberus aber bemerkenswerter als der
Fall ZPMC, denn bei Letzterem handelt es sich schließlich nur um ein
weiteres Erfolgsbeispiel einer seit Jahrhunderten bewährten Wettbewerbsstrategie. Für das strategische Vorgehen der SBT im Cerberus-
Fall gibt es hingegen weit weniger Vorbilder.

Unter anderem liegt das daran, dass westliche Technologie-Unternehmen dem Aufstieg asiatischer Wettbewerber bisher überwiegend
mit Überheblichkeit und Hilflosigkeit begegnet sind. Ihre Manager haben sich zunächst über das vermeintlich rückständige Qualitätsniveau
der Produkte mokiert, später dann wurde das überdurchschnittliche
Wachstum der neuen Wettbewerber nahezu resigniert als unvermeid-
bar hingenommen. Der Cerberus-Fall dokumentiert eine Gegenreak-
tion. Er zeigt, dass Technologie-Unternehmen wie Siemens ihre defensive Haltung aufgegeben haben. Sie bieten den neuen Wettbewerbern
dort die Stirn, wo diese ihre vermeintlich größte Stärke haben, sprich
bei den Kostenvorteilen und der Entwicklung bedarfsgerechter Produkte für ihre Heimatmärkte. Damit hat Siemens, beziehungsweise
SBT, von der herkömmlichen Strategie Abstand genommen. Zwar

wurde am Angebot der Advanced Premium Goods festgehalten, aber parallel dazu werden mit preisgünstigen NFT-Produkten neue Kundensegmente angesprochen.

Dafür wurden einige wichtige Grundlagen des bisherigen Geschäftsmodells, wie etwa die After-Sales-Services im Haus zu lassen, hinterfragt und geändert. Bei Cerberus wurden sie an chinesische Distributoren vergeben. Da die After-Sales-Services im Sinteso-Premiumgeschäft hohe Gewinne erwirtschaften, ist diese Umstellung bemerkenswert, denn die Profitabilität der Cerberus-Produkte muss seitdem durch den Erstverkauf sichergestellt werden. Angesichts der geringen Zahlungsbereitschaft der Cerberus-Kunden ist das nicht ganz einfach. Um diesem Kostendruck ebenso wie dem spezifischen Bedarf des chinesischen Markts gerecht zu werden, wurden schließlich auch die Entwicklung und das Management der Cerberus-Produkte nach China verlagert. Auf die Weise übernahmen die chinesischen Manager Wertschöpfungsprozesse, die nach dem Selbstverständnis alteingesessener Technologie-Unternehmen in der heimatlichen Zentrale erbracht werden sollten. Ebenso ging SBT mit der Vermarktung der Cerberus-Produkte um, denn auch da wurde nicht auf die vorhandenen Ressourcen zurückgegriffen. Stattdessen arbeitete SBT mit externen lokalen Distributoren zusammen und bildete sie aus. Zwar konnte es passieren, dass diese externen Partner dieselben Kunden ansprachen, die auch von Vertriebsmitarbeitern der chinesischen Landesgesellschaft für Sinteso akquiriert werden sollten, aber das nahm SBT in Kauf.

Trotz der anfänglichen Schwierigkeiten gilt der Fall Cerberus ECO für die Siemens AG als erfolgreiches Pilotprojekt, dem eine Reihe ähnlicher Projekte gefolgt sind und folgen werden. Unter der internen Bezeichnung *SMART* (die Abkürzung steht für *simple, maintenance-friendly, affordable, reliable, timely to market*) wurden im Konzern allein im Jahr 2010 hundert weitere Projekte mit ähnlichem wettbewerbsstrategischem Ansatz auf den Weg gebracht. Regionale Schwerpunkte waren bislang China und Indien.

3.2   Die B2C-Analogie

Wenig zahlungsbereite Kundensegmente mit simplen Produkten anzusprechen, ist für Premiumanbieter nicht neu. Im Konsumgüterbereich offerieren zahlreiche Konzerne parallel geführte Marken,

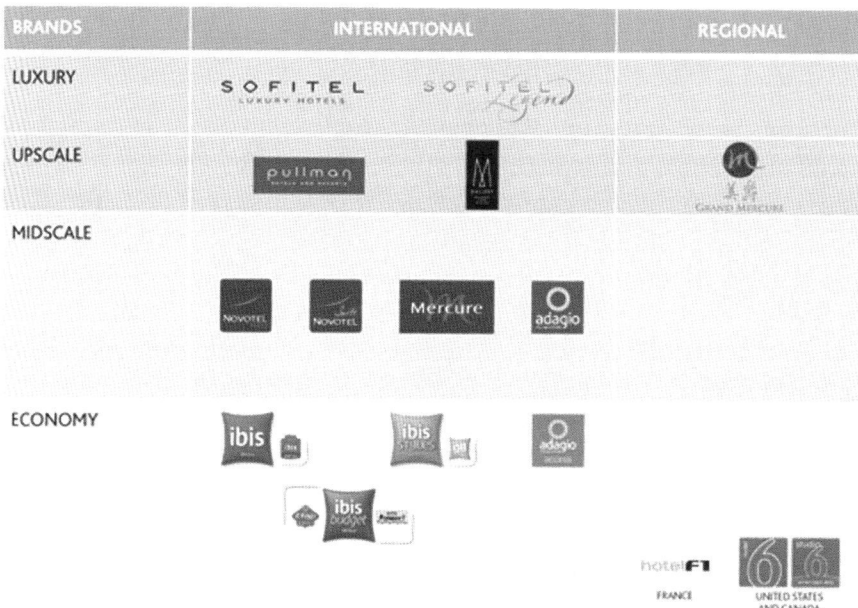

Abb. 3.2 Die Marken der Accor-Gruppe. (Quelle: Accor Group. Brand portfo-
lio. URL: http://www.accor.com/en/brands/brand-portfolio.html[09.05.2011].

um den regionalen und sozialen Unterschieden ihrer Konsumenten
gerecht zu werden. Procter & Gamble beispielsweise bietet bei Babywindeln sowohl die teuren Pampers als auch die günstigeren Luvs an.
Die von Unilever hergestellte Eiscreme wird in Deutschland sowohl
unter der Premiummarke Langnese als auch über den Billig-Discoun-
ter Lidl verkauft. Mehrere Banken haben internetbasierte Tochterunternehmen gegründet, um junge Kunden zu gewinnen, denen die
Kundenbetreuung keine hohen Gebühren wert ist. Die Deutsche Bank
beispielsweise hat mit der Norisbank eine Marke etabliert, mit der
solche zahlungsschwächeren Kundensegmente gezielt angesprochen
werden. Überdies wird derzeit daran gearbeitet, die jüngst erworbene
Postbank in Deutschland zwischen der Norisbank und der Premiummarke Deutsche Bank zu positionieren. Lufthansa hat, nachdem
Unternehmen wie Ryanair und easyJet durch Tiefpreise neue Kundengruppen erschlossen haben, mit German Wings einen eigenen Bil-
liganbieter gegründet. Ein anderes Beispiel ist die Hotelgruppe Accor,
die von den luxuriösen Sofitel-Hotels bis zu Low-Budget-Hotels wie
Etap oder Formule 1 die gesamte Bandbreite der Übernachtungsstan-
dards abdeckt (Abb. 3.2).

Diese Beispiele mögen auch für Manager anderer Branchen interessant sein. Doch auf die B2B-Industrien sind sie kaum übertragbar, denn diese weisen vor allem zwei Unterschiede auf: Erstens handelt es sich dort um Märkte, auf denen nachfragerseitig hohe Markttransparenz besteht. Das heißt, die Kunden sind über die Anbieter und ihre Produkte besser informiert, als es die B2C-Konsumenten sind. Während nur wenige Kunden der Deutschen Bank wissen, dass die Norisbank zum Unternehmen gehört, könnte ein Hersteller grafischer Papiermaschinen wie Voith Paper eine preisgünstige Zweitmarke vor seinen weltweit etwa 300 potenziellen Kunden kaum verbergen. Zweitens spielt die Technik bei den B2B-Produkten eine Schlüsselrolle, sowohl für die Nachfrager als auch die Anbieter. Die technische Auslegung der Produkte ist ebenso die Basis des Wettbewerbsvorteils wie bedeutender Kostentreiber und stellt gleichzeitig ein Kernelement der Identität eines Anbieterunternehmens dar.

3.3   Old Technology

Generell lassen sich bei den von Technologie geprägten B2B-Märkten drei NFT-Konzepte unterscheiden, mit denen ein Anbieter dem Bedarf nach besonders preisgünstigen Produkten nachkommen kann. Diese Konzepte werden hier als *Frugal Engineering*, *De-featured Premiums* und *Old Technology* bezeichnet. Dabei unterteilt sich Old Technology noch einmal in ältere Produktversionen, die neu produziert werden, und in bereits existierende Produkte, die neu vermarktet werden. Letzteres betrifft den Handel mit Gebrauchtprodukten, ein Geschäft, das bisher nur wenig Aufmerksamkeit erregt, wegen der zahlreichen neuen asiatischen Unternehmen aber stark zugenommen hat. Allein im Maschinenbau wird das Verkaufsvolumen für Anlagen aus zweiter oder dritter Hand derzeit auf weltweit über 100 Mrd. Euro pro Jahr geschätzt. Einen guten Indikator für die Dynamik dieses Geschäfts liefert die Messe RESALE, die 2010 in Karlsruhe über 10.000 Fachleute aus über 100 Ländern besuchten (Abb. 3.3).

Nach Auskunft der Veranstalter kommt ein großer Teil der Kaufinteressenten aus den Schwellen- und Entwicklungsländern. Sie besuchen diese weltweit größte Messe ihrer Art, weil ihre Einkäufer dort Maschinen finden, die wegen des reduzierten Preises und der einfachen Gestaltung dem Bedarf in ihren Heimatländern besser gerecht

über 20.000 Unternehmen aus 152 Ländern registriert

zurzeit 200.000 Besucher im Monat

Abb. 3.3 Website RESALE. (Quelle: RESALE:BIZ. Marketplace for used machinery. URL: http://www.resale.biz/index.php[10.10.2010])

werden als die neuesten Produkte. Früher waren Handelsunterneh-men die dominierenden Anbieter gebrauchter Produkte; inzwischen sind es vermehrt die Hersteller selbst. Gildemeister, weltweit führen-der Hersteller qualitativ hochwertiger Werkzeugmaschinen, hat mit dem Tochterunternehmen DMG die Vermarktung von Gebrauchtma-schinen professionell ausgebaut. Im Angebot der DMG befinden sich Hunderte Dreh- und Fräsmaschinen, über die die Kunden per Twitter informiert werden.

Trotzdem ist die Neuproduktion älterer, technisch einfacher und preislich günstiger Maschinen für die meisten Hersteller der übliche Weg, die aufstrebenden Märkte in Asien, Afrika und Südamerika zu bedienen. In der LKW-Branche findet sich das beste Beispiel dazu in Form des legendären Haubenwagens von Mercedes, der noch heute der Inbegriff eines robusten LKW ist (Abb. 3.4).

Die Mercedes-Modelle wurden in den fünfziger Jahren in West-europa eingeführt und dort zwanzig Jahre später vom Markt genom-men, aber in den Entwicklungs- und Schwellenländern wurden bis

Abb. 3.4 Haubenwagen
von Mercedes. (Quelle:
E-Mags Media GmbH.
Mercedes Trucks:
Schwere Sterne. URL:
http://www.merce-
des-fans.de/klassik/
klassik_artikel/id=1109/
start=2[01.12.2010])

Abb. 3.4 Haubenwagen
von Mercedes. (Quelle:
E-Mags Media GmbH.
Mercedes Trucks:
Schwere Sterne. URL:
http://www.merce-
des-fans.de/klassik/
klassik_artikel/id=1109/
start=2[01.12.2010])

zum Ende des letzten Jahrhunderts modifizierte Versionen des „Hau-
bers" produziert. Mitunter entdeckt man den LKW-Klassiker mit der
soliden technischen Auslegung dort noch heute.

In der Lastwagenbranche, wie auch in anderen Branchen, wird eine
ältere Produktversion haufig zusammen mit einem Partnerunterneh-
men in den jeweiligen Zielmärkten gebaut. So fertigte Tata in Indien
bereits Anfang der sechziger Jahre Mercedes-LKW und vermarktete
die Modelle mit geringfügigen Modifikationen später unter eigenem
Namen. In der Regel stellt der Premium-Anbieter den Partnern vor-
gefertigte Produktelemente als CKD-Teile zur Verfügung (die Abkürzung steht für *Completely Knocked Down*). Bisweilen überlässt man
die Herstellung der Teile auch den Partnern im Rahmen einer Lizenz.
MAN, ein wichtiger Wettbewerber von Mercedes im LKW-Markt,
vergab an Sinotruk, einen chinesischen Hersteller von Schwerlastern,
Lizenzen für Kabinen, Achsen und Motoren im Wert von mehreren
Millionen Euro. Zudem erwarb MAN 25 % der Sinotruk-Aktien, eine
in der Autoindustrie bis dahin einmalige Verbindung zwischen einem
großen chinesischen und einem westlichen Hersteller.

Der Maschinen- und Anlagenbauer SMS Meer dagegen hat auf
eine solche Partnerschaft verzichtet. Von Oktober 2010 an wurde die
Produktion reifer Technologien in einen chinesischen Betrieb verlagert, der SMS Meer gehört und erhebliche Kostenvorteile bietet. Generell genügen die früheren Modellversionen den Kundenansprüchen
auf NFT-Märkten und gelten wegen ihrer lange bewährten Technik
als besonders zuverlässig.

Ein weiterer Weltmarktführer ist einen anderen Weg gegangen, um
seine älteren Anlagen in Asien einzusetzen. Über sogenannte *Technology Transfer Agreements* überließ er chinesischen Unternehmen das
Know-how, um Maschinen der letzten Generation auf eigene Rechnung herzustellen und zu vermarkten. Seit 2001 fertigt er diese Ma-

schinen auch für Kunden außerhalb des chinesischen Marktes nicht
mehr selbst, sondern überlässt die Produktion und den Vertrieb der
älteren und leistungsschwächeren Maschinentypen den chinesischen
Partnern. Als Gegenleistung erfolgte keine direkte Zahlung. Stattdessen wurde mit einer zuständigen Behörde in China die Vereinbarung
getroffen, dass chinesische Produzenten in den kommenden Jahren
eine bestimmte Anzahl von Maschinen der neuesten Technologie-Ge-
neration aus westlicher Produktion bestellen würden. Dieses Versprechen wurde gehalten.

Generell gibt es für Unternehmen – ganz gleich, wo sie sind – auch
die Möglichkeit, dem technischen Fortschritt grundsätzlich nicht zu
folgen. Adner und Snow haben zu diesem als *Bold Retreat* bezeichneten Ansatz 2010 in der *Harvard Business Review* einen Beitrag
veröffentlicht (Adner und Snow 2010). Als Beispiel führten sie die
Uhrenhersteller an, die Anfang der siebziger Jahre den Technologie-
sprung zur Quarzuhr beziehungsweise Digitalisierung nicht vollzo-
gen, sondern weiterhin mechanische Uhrwerke herstellten. Etliche
unter ihnen, wie etwa A. Lange & Söhne und Piaget, arbeiten auf
Basis dieser Produktpositionierung bis heute sehr profitabel und sind
von preisgünstigen Angeboten weit entfernt. Bei den Qualitätsführern
auf den technologieorientierten B2B-Märkten ist jedoch kein Beispiel
für Bold Retreat bekannt. Es würde auch ihrem Selbstverständnis widersprechen. Zudem wäre es wenig aussichtsreich, wenn Siemens
oder Bombardier heute mit Dampflokomotiven den Markt für Eisen-
bahnen angingen. Die romantischen oder nostalgischen Aspekte, die
im B2C-Geschäft eine Rolle spielen können, sind im B2B-Geschäft
unbedeutend.

3.4   De-featured Premiums

Außer dem Verkauf alter Technologien gibt es mit *De-featured Premiums* eine zweite Möglichkeit zur Umsetzung eines NFT-Konzepts.
Bei ihr reduziert ein Qualitätsführer die Leistungskomponenten seiner
aktuellen Produkte und verkauft die abgespeckte Version für weniger
Geld. Um noch einmal einen Vergleich aus dem B2C-Geschäft her-
anzuziehen: Unternehmen wie Cartier bringen jährlich neue Modelle auf den Markt. Üblicherweise wird deren Gehäuse aus massivem

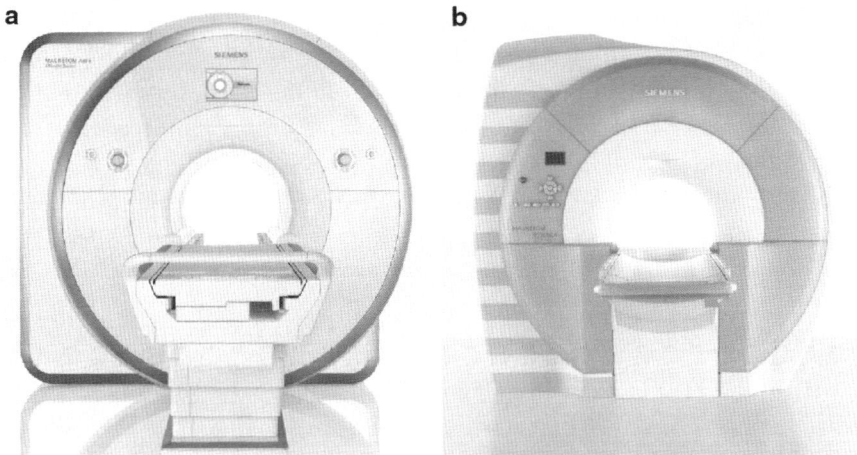

Abb. 3.5 a Siemens-Magnetom Standard, **b** Siemens-Magnetom ESSENZA. (Quelle: Siemens AG)

Gold gefertigt, doch für Kunden, die sich das nicht leisten können, bietet Cartier auch vergoldete oder aus Stahl gefertigte Varianten an, die im Preis bis zu 60 % niedriger liegen. Das ist in etwa die Preisdifferenz, die auch die B2B-Kunden in den neuen Wachstumsmärkten erwarten. Allerdings ist die Umsetzung von De-featured Premiums bei technisch geprägten B2B-Produkten schwieriger, als bei Uhren ein anderes Material zu verwenden.

Relativ problemlos stellt sich die Reduktion noch bei den Teilen dar, die keine Auswirkung auf die technische Kernleistung des Produktes haben. Deshalb können Hersteller qualitativ hochwertiger Eisenbahnzüge, wie Bombardier, Siemens oder Alstom, bei der Inneneinrichtung der Wagen einfachere Sitze oder Bodenbeläge verwenden. Auch im After-Sales-Bereich lassen sich bestimmte Leistungskomponenten reduzieren. Tatsächlich ist es seit Langem üblich, dass Technologie-Unternehmen bei der Geschwindigkeit von Ersatzteillieferungen oder der Gültigkeitsdauer von Garantien unterschiedliche Leistungen anbieten. Die Frage ist nur, ob ein solches De-featuring NFT-adäquate Kosten- und Preisreduktionen erzielen kann.

Beispielsweise stellt der Medizinbereich der Siemens AG in China mit der ESSENZA-Produktreihe supraleitende Magnetresonanztomographen (MRT) her, die großteils auf der Technologie aktueller Siemens-Premiumprodukte basieren. Auf den ersten Blick gleichen die chinesischen Geräte den anderen Siemens-MRTs (Abb. 3.5).

Was Leistungsspektrum, Kosten und Preis anbelangt, liegen sie allerdings deutlich unter denen der Qualitätsprodukte. Um innerhalb des eng gesetzten chinesischen Kostenrahmens zu bleiben, wurde nicht nur bei Äußerlichkeiten wie der billigeren Plastikverkleidung gespart, sondern auch bei den technischen Kernelementen. Die langen Lokalspulen, die für Wirbelsäulenuntersuchungen notwendig sind, wurden verkürzt und platzsparend am Gerät montiert. Des Weiteren hat man die bis dahin üblichen drei separaten Recheneinheiten eines supraleitenden MRT auf zwei reduziert. Damit ging allerdings auch einher, dass die Teilfunktionen des dritten Systems in die beiden anderen integriert werden mussten, was eine neue Auslegung notwendig machte. Um die, wenn auch eingeschränkte, Funktionalität dieser MRTs zu gewährleisten, waren bei den technischen Kernelementen Entwicklungen notwendig, die inklusive der Genehmigungsverfahren nahezu vier Jahre dauerten.

Häufig erreicht man das De-featuring eines qualitativ hochwertigen Technologieprodukts somit nicht einfach, indem Elemente weggelassen werden, sondern dadurch, dass die technische Funktion eines Produktelements auf alternative Weise erfüllt wird. Ähnlich wie bei Innovationen sind damit Entwicklungskosten verknüpft. Überdies sind mit den Einsparmöglichkeiten bei Beschaffung und Produktion auch Umstellungs- beziehungsweise erhöhte Komplexitätskosten verbunden, beispielsweise dann, wenn die Produktqualität neuer Lieferanten überprüft werden muss. Diese Kostensteigerungen können sämtliche Stufen des Wertschöpfungsprozesses betreffen, nicht zuletzt die wenig offensichtlichen Gemeinkostenbereiche im Einkauf, der Lagerhaltung und der After-Sales-Services.

Natürlich ist es auch möglich, dass technische Funktionsprinzipien bestimmte Anpassungen an Premiumprodukte prinzipiell verhindern. So können hitzebeständige Werkstoffe, wie sie bei einer Gasturbine Verwendung finden, aus Gründen der Stabilität nicht beliebig reduziert oder durch billigere ersetzt werden. Anders als bei den Cartier-Uhren lassen sich Reduktionen bei komplizierten technischen Leistungskomponenten insofern nicht immer mit Kostensenkungen verbinden. Zudem besteht die Gefahr, dass ein Produkt, bei dem nur auf ein, zwei Funktionen des Premiumproduktes verzichtet wurde, dem Bedarf der NFT-Kunden letztendlich doch nicht gerecht wird.

Das musste Presta erfahren, ein Unternehmen der ThyssenKrupp AG und führender Anbieter von Lenksystemen für PKW. Angesichts der rasanten Zunahme von in China produzierten Autos errichtete Presta 1999 dort einen Produktionsbetrieb, der De-featured Premiums herstellte. Sie unterschieden sich in einigen Materialeigenschaften und im Design von den in Deutschland produzierten Modellen. Für Presta ergaben sich Kostenvorteile schon wegen des Wegfalls der Importsteuern und des teuren Transportwegs von Europa nach Asien. Die chinesischen Lenksysteme fanden auch schnell Abnehmer, doch dabei handelte es sich lediglich um die chinesischen Tochterunternehmen der westlichen Automobilkonzerne. Rein chinesische Hersteller wie BYD waren an den Presta-Lenksystemen nicht interessiert. Erst als Presta 2004 begann, größere Lieferflexibilität zu zeigen und Produkte zu entwickeln, die den spezifischen Anforderungen der chinesischen Autobauer entsprachen, gewann das Unternehmen auch einheimische Kunden.

Andere Technologie-Unternehmen haben ähnliche Erfahrungen gemacht. Bei allen wird deutlich, dass die neuen Kunden in den Schwellen- und Entwicklungsländern spezifische Bedarfe haben. Gleichzeitig setzt deren wachsende wirtschaftliche Macht die etablierten Anbieter zunehmend unter Druck, die dortigen Erwartungen zu erfüllen. Das kann auch bedeuten, dass die bisherigen Produktkonzepte von Old Technology und De-featured Premiums womöglich in Frage gestellt werden und durch *Frugal Engineering* ersetzt werden sollten.

3.5 Frugal Engineering

In der Literatur sind dieser Begriff und die mit ihm verwandten Bezeichnungen *Frugal Innovation* und *Reverse Innovation* seit etwa zwei Jahren im Umlauf. Es handelt sich dabei um Vorgehensweisen, die in der Praxis allerdings schon seit längerer Zeit bekannt sind. Der Cerberus-Fall ist nur eines von mehreren Beispielen für Frugal Engineering bei Siemens; bei General Electric wurde diesem Ansatz bereits vor 2008 gefolgt. Auch das japanische Unternehmen Daikin Industries, ein etablierter Hersteller qualitativ hochwertiger Klimaanlagen und Wärmepumpen, bedient die NFT-Märkte seit einigen Jahren mit Frugal Engineering. Generell geht es hierbei darum, neue Produkte zu entwickeln, die möglichst einfach und kostengünstig sind und den spezifischen Anforderungen der neuen Wachstumssegmente gerecht werden.

Dazu sind für traditionelle Technologie-Unternehmen ungewöhnliche Marktforschungsaktivitäten notwendig. Üblicherweise basiert ihre Bedarfsanalyse auf umfassender Kommunikation mit den Kunden. Dank deren Anregungen und den Ideen der eigenen Mitarbeiter aus Vertrieb und After-Sales-Services erhalten die Forschungs- und Entwicklungsabteilungen wesentliche Impulse zur Überarbeitung und Neuentwicklung von Produkten. Mit den innovativen NFT sollen dagegen Segmente angesprochen werden, die bislang noch gar nicht zu den Kunden zählen. Doch wenn Unternehmen wie Siemens und General Electric am hohen Wachstumspotenzial für medizinische Geräte in China und Indien partizipieren möchten, hat es für sie wenig Sinn, die Bedarfsanalysen dort nur in großen Kliniken durchzuführen. Entscheidender sind die Landärzte und Vertreter kleiner, oft mobiler Medizinzentren, die den Großteil der Bevölkerung versorgen. Ihre finanziellen Möglichkeiten, ihr Ausbildungsstand, der Grad ihrer Aufgeschlossenheit gegenüber Innovationen, ihre patiententypischen Behandlungsprofile, hygienischen Arbeitsbedingungen und weitere Besonderheiten müssen von den Unternehmen erfasst werden. Nur so entstehen letztlich NFT-Produkte, die sich von den Premiumprodukten unterscheiden. Beispielsweise hat General Electric mit tragbaren Ultraschallgeräten großen Erfolg gehabt, die zu den weit verstreut liegenden Zentren medizinischer Versorgung in den Provinzen Indiens passten.

Generell ist es naheliegend, an den Innovationen der NFT dort zu arbeiten, wo die Entwickler mit der Sprache und Kultur der Kunden vertraut und den Marktbedingungen am nächsten sind. Das ist ein zentraler Grund, weswegen eine Reihe westlicher Technologie-Unternehmen in den letzten Jahren ihre F&E-Ressourcen in den BRIC-Ländern verstärkt haben. Allein in China und Indien beschäftigt Siemens inzwischen über 16.000 Entwicklungsingenieure. Im Jahr 2000 eröffnete General Electric in Bangalore sein weltweit größtes Forschungszentrum im Medizinbereich und hatte 2010 dort bereits 4.000 Mitarbeiter. In der Anfangszeit erhielten die dort durchgeführten NFT-Projekte noch Unterstützung aus den westlichen Zentralen, doch wie im Fall Cerberus ECO wird die Gesamtverantwortung inzwischen immer häufiger den Entwicklern vor Ort überlassen. Und wie im Fall Cerberus führt dies auch bei anderen Premiumherstellern zu internen Konflikten.

Das Gleiche gilt, wenn die NFT nicht selbst entwickelt wird, sondern der Premium-Anbieter ein Unternehmen erwirbt, das über Produkte für die NFT-Märkte verfügt. Oftmals handelt es sich dabei um kleine oder mittelgroße Betriebe, die in einem Schwellen- oder Entwicklungsland ansässig sind und sich dort erfolgreich etabliert haben. Aus Marktperspektive dreht es sich bei deren NFT-Produkten dann zwar nicht um Innovationen, doch für das akquirierende Unternehmen sind sie neu und stellen es vor ähnliche interne Herausforderungen. Das gilt insbesondere, wenn die Prozesse, Regularien und Kulturen der beiden Unternehmen große Unterschiede aufweisen und angeglichen werden sollen.

Schränkt man die Eigenständigkeit – wie Produktionsbedingungen, Umgangsformen, Berichtswesen – des akquirierten Betriebs zu stark ein, sinkt in der Regel die Motivation der Mitarbeiter. Ebenso können sich Kostenvorteile auflösen, die im Einkauf bestanden haben. Im nächsten Schritt ist dann auch die Wettbewerbsstärke der akquirierten NFT-Produkte gefährdet. Andererseits ist eine zu hohe Eigenständigkeit des akquirierten Unternehmens gleichermaßen riskant; denn ab dem Tag der Übernahme trägt der Premium-Anbieter dafür die Verantwortung, und das schließt eventuelle finanzielle Verluste und reputationsgefährdende oder justiziable Regelverstöße ein. Insofern besteht zwischen dem traditionellen Geschäftsbereich und der neuen NFT-Einheit grundsätzlich ein gewisses Spannungsfeld.

Im Vergleich zu den ersten beiden Alternativen der Old Technology und De-featured Premiums dürfte die Option des Frugal Engineering mit dem größten Aufwand verbunden sein, die wenigsten Kostensynergien zur Folge haben und am ehesten zu Spannungen im Gesamtunternehmen führen. Vielleicht haben deshalb viele etablierte Technologie-Unternehmen diesen Weg bislang gescheut. Andererseits erscheint Frugal Engineering der vielversprechendste Ansatz zu sein, um die neuen Wachstumsmärkte zu bedienen (Abb. 3.6).

3.6 Diffizile Differenzierung

Bei der Einführung der NFT ist das vorrangige Ziel eines Anbieters von Advanced Premium Goods, die neuen Wachstumsmärkte zu erreichen. NFT wird dabei als Ergänzung des bisherigen Produktport-

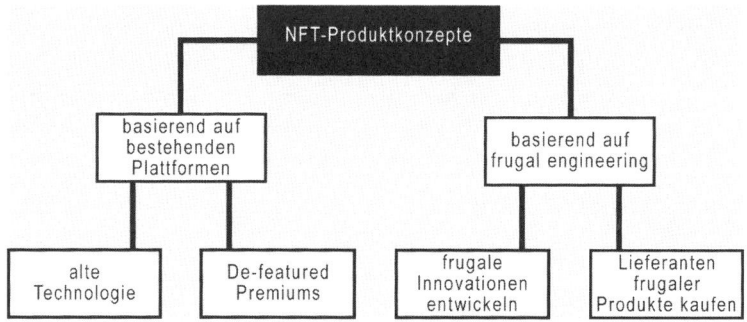

Abb. 3.6 NFT-Konzepte für Premium-Anbieter

folios gesehen; kaum ein Unternehmen erwägt, die bisherigen Premium-Segmente aufzugeben und sich lediglich auf die Kundengruppen mit geringer Zahlungsbereitschaft zu fokussieren. Doch wenn zwei Produktbereiche parallel geführt werden, kommt es leicht zu den oben erwähnten internen Spannungen, da ein Bereich im anderen eine Gefahr für das eigene Geschäft sieht. Aus der NFT-Perspektive wird vor allem eine zu starke Einflussnahme der traditionellen Geschäftsbereiche befürchtet. Dagegen wittern die Verantwortlichen der Premiumbereiche durch die NFT die Gefahr des Imageverlusts, der Preiserosion und Kannibalisierung ihrer Produkte.

Aus der übergeordneten Konzernperspektive sind derartige Bereichsegoismen natürlich unerwünscht. Ein Konzern-Controller erwartet Kostensynergien, wenn zwei Produktlinien bei den Kunden ähnliche Problemstellungen lösen. Er wird darin die Chance sehen, Kostenvorteile zu realisieren, die den Herstellern von nur Premium- oder nur NFT-Produkten nicht möglich sind. Solche Kostensynergien sind bei den Old Technologies oder De-featured Premiums naheliegend, bei Frugal Engineering jedoch weniger. Denn aus Marktperspektive ist es gerade wichtig, dass Unterschiede zwischen NFT- und Premiumprodukten existieren und auch sichtbar werden. Diese Erkenntnis gilt nicht nur im Zusammenhang mit NFT, sondern setzt auf allgemeinem Marketing-Wissen zur Produktdifferenzierung auf. Ein billigerer Produkttyp muss zahlungsschwächere Kunden ansprechen und darf die Erwartungen der Premium-Kunden nicht erfüllen. Im Fall der Accor-Hotels beispielsweise ist das geglückt (Abb. 3.7).

Abb. 3.7 a Accor-Luxushotel Sofitel, **b** Accor-Low-Budget-Hotel Etap. (Quelle: ESMT CS)

Natürlich gibt es auch Beispiele, wo die Parallelführung von teuren und preiswerten Produkten nicht gelungen ist. Ein bekannter Fall stammt ebenfalls aus der Konsumgüterindustrie: Anfang der neunziger Jahre sah sich Procter & Gamble auf dem Markt für Babywindeln dem zunehmenden Wettbewerb preisaggressiver Handelsmarken ausgesetzt. Gegen diese Konkurrenten wollte das Unternehmen die bereits eingeführte Marke Luvs positionieren, verbunden mit einer signifikanten Preissenkung. Im Vergleich zu den als Premiumprodukt geführten Pampers waren die Produktunterschiede jedoch gering, was schließlich zu Umsatzeinbußen bei Pampers und Ergebnisrückgängen in der gesamten Produktsparte des Unternehmens führte. Daraufhin trennte Procter & Gamble die beiden Produktlinien klar voneinander: Qualitätsmerkmale wie Griffe an der Packung beispielsweise wurden bei Luvs weggelassen und innovative Merkmale zunächst nur bei Pampers eingeführt. Zudem wurden die Pampers-Produkte dünner,

ihr Sitz köpergerechter, das Material hautfreundlicher, die Verschlüsse
ließen sich leichter lösen.

Ein ähnliches Beispiel bietet die Krones AG aus der Maschinen-
baubranche, ein sogenannter Hidden Champion aus Neutraubling im
Südosten Deutschlands, der auf dem Gebiet der Getränke-Abfüllanla-
gen weltweit führend ist. Wie SBT beobachtete auch Krones vor einigen Jahren eine zunehmende Anzahl neuer Anbieter in der Branche,
die vor allem die unteren Marktsegmente in den wachstumsstarken
BRIC-Staaten bedienten. Der Vorstand von Krones ging davon aus,
dass diese Unternehmen den Konkurrenzdruck auf die hochwertigen
Produkte über kurz oder lang erhöhen würden und entschied, dieser
Entwicklung offensiv zu begegnen. 2002 erwarb Krones eine Beteiligung an Kosme, einem italienischen Getränkeabfüller, dessen Maschinen sich in Qualität, Kosten und Preis seit Jahrzehnten deutlich
unter dem Niveau der Krones-Anlagen befanden. Mit diesen als *just
enough* bezeichneten Produkten wollte Krones auf den Bedarf in den
neuen Wachstumssegmenten reagieren. In diesem Zusammenhang
hielt das Management es jedoch für notwendig, bei den Prozessen
und Produkten von Kosme einige Änderungen zu initiieren und ent-
sandte bewährte deutsche Krones-Manager nach Italien. In dieser Zeit
konnten sich Ideen, die aus den Kosme-Reihen kamen, kaum durchsetzen. Stattdessen wurden von Krones neue Prozessabläufe gestal-
tet, die der kostenorientierten Philosophie von Kosme widersprachen.
Des Weiteren gelang es den Mitarbeitern in den zusammengeführ-
ten Vertriebs- und Service-Teams nicht, sich auf die Erweiterung des
Produktportfolios einzustellen. Demzufolge wurden auch die Kunden
verwirrt und glaubten, durch den Zusammenschluss Krones-Qualität
zu Kosme-Preisen kaufen zu können. Es gab sogar Fälle, in denen der
für beide Produktlinien zuständige Vertrieb diesen Wunsch erfüllte,
was intern für zusätzliche Spannungen sorgte. Insgesamt brachte die
Akquisition zunächst nicht die gewünschten Ergebnisse (Abb. 3.8).

Nach dieser Erfahrung wurden Korrekturmaßnahmen durchgeführt. Man bremste den Einfluss der Krones-Manager auf die Produktentwicklung bei Kosme und gab den Kollegen in Italien ihre
Eigenverantwortung zurück. Heute unterscheiden sich die beiden
Produktlinien wieder. Auch der Vertrieb für Italien und Deutschland
wurde wieder getrennt. Statt dem Preisdruck potenzieller Krones-
Kunden durch das Anbieten von Kosme-Maschinen nachzukommen,

Abb. 3.8 Getränke-Abfüllmaschine von Krones. (Quelle: Krones AG. AbfüllSensometic VPGL. URL: http://www.krones. com/de/service/9089. htm[18.10.2010])

werden die günstigeren Maschinen aus Italien jetzt von Krones dazu genutzt, neue, zahlungsschwächere Marktsegmente zu erreichen. Ein Vorstandsmitglied verdeutlichte die Trennung der beiden Produktlinien: „Mit Kosme bauen wir keinen kleinen BMW, sondern einen Mini." Der Preis der Kosme-Maschinen liegt zwar etwa 10 % über dem Niveau anderer Billig-Anbieter aus Asien, aber für die Kunden aus den BRIC-Ländern ist er akzeptabel.

Generell gilt bei dem parallelen Angebot zweier Produktlinien: Je größer die Qualitätsunterschiede, desto größer muss die Preisdifferenz sein. Bei der NFT ist der Preis durch die geringe Zahlungsbereitschaft der Kunden definiert. Dementsprechend groß sollten die Qualitäts- und Leistungsunterschiede zwischen NFT- und Premiumprodukten sein. Die Güte der Materialien, Produktlebensdauer, Fehlertoleranzen, Garantie, Sicherheitsstandards, Flexibilität der Einsatzmöglichkeiten und das äußere Erscheinungsbild sind nur einige der Variablen, nach denen Kunden die Qualität eines technischen Produktes bewerten.

Einen noch ambitionierteren Ansatz als Krones hat KHS zum Einstieg in NFT-Märkte gewählt. Nach Krones konkurrieren Sidel und KHS weltweit um Platz zwei bei den Getränkeabfüllanlagen. Angesichts der strategischen Maßnahmen des Marktführers Krones hat KHS 2006 einen Maschinenbauer in Shantou übernommen, einer Stadt in der Provinz Guangdong, 40 Flugminuten von Hongkong entfernt. In relativ großer Eigenständigkeit konstruieren, produzieren und vertreiben dort inzwischen über 800 chinesische Mitarbeiter Abfüllmaschinen für die im Land boomende Bierbranche. Ein Großteil der Kunden sind mittelgroße Unternehmen, die sich die importierten Premium-Maschinen der westlichen Anbieter nicht leisten können. Früher deckten sie ihren Bedarf bei einer steigenden Anzahl regionaler Maschinenbauer, wie Lehui oder der Nanjing Light Industrial Machinery Group. Das hat sich geändert. 2009 wurden in China bereits 70 % der Neuanlagen für die Abfüllung von Mehrweg-Bierglasflaschen von dem chinesischen KHS-Betrieb geliefert. Die Konfigurierbarkeit der Maschinen und die verwendeten Materialien entsprechen den lokalen Anforderungen, aber die Maschinen aus Shantou können in China zum halben Preis der europäischen Produkte verkauft werden – und das sogar bei höherer Profitabilität. Die Kostensynergien zwischen den beiden KHS-Produktbereichen sind gering, die Eigenständigkeiten hoch. Doch gerade darin sehen die Verantwortlichen eine Voraussetzung für den Markterfolg. Die Eigenständigkeit hat in diesem Fall weniger mit Bereichsegoismus als mit kundenorientierter Differenzierung zu tun.

In der Praxis wird es vermutlich immer das Bestreben geben, bei der Umsetzung von NFT-Konzepten Kostensynergien zu schaffen. Auf den ersten Blick scheint das aufgrund der avisierten Volumeneffekte sogar sinnvoll. Die hier untersuchten Fälle zeigen jedoch, dass es zwischen Premium- und NFT-Produkten beträchtliche Unterschiede geben muss. Und je größer sie sind, desto weniger zielführend ist es, die beiden Bereiche miteinander zu verbinden oder einander anzugleichen, und umso geringer sind folglich die Potenziale für Kostensynergien.

3.7   Wege aus der Service-Falle

Prinzipiell gelten die obigen Überlegungen nicht nur für Sachgüter, sondern auch für Dienstleistungen. Auch in diesem Fall müssen sich NFT-Produkte in Preis und Qualitätsmerkmalen vom Premium-Angebot unterscheiden. Schauen wir uns dazu zunächst ein Beispiel aus dem B2C-Bereich an. Die ersten Flugzeuge der No-Frills-Flüge von Freddie Laker waren ausgemusterte Maschinen der BOAC, dem Vorgänger der British Airways. Ab 1977 war Laker Airways die erste Gesellschaft, die Billig-Flüge auf Langstrecken anbot. Die Tickets für die *Skytrain* genannten Flüge, zunächst von London aus in die USA, waren mit Preisen von zum Teil unter 60 Pfund extrem günstig, allerdings mussten die Passagiere für alle gewünschten Extras – inklusive Bordverpflegung – bezahlen. In den neunziger Jahren waren es Unternehmen wie easyJet und Ryanair in Europa oder Southwest in Nordamerika, die die Luftfahrtbranche mit ihren Niedrigpreisen durcheinanderwirbelten. In nur vier Jahren hatten die No-Frills-Fluglinien auf den internationalen Flughäfen einen Marktanteil von 24,1 % gewonnen.

Bei Technologie-Dienstleistern auf B2B-Märkten gibt es bislang kaum Beispiele für die Koexistenz von Premium- und NFT-Angeboten. Die etablierten Unternehmensberater, Zertifizierungs- und Prüfunternehmen, Ingenieur- und Projektmanagementbüros haben dazu bisher offensichtlich noch keine Notwendigkeit gesehen. Vereinzelte Beispiele existieren im IT-Bereich, aber sie haben die Strukturen der Märkte nicht so radikal geändert, wie es in der Luftfahrtindustrie der Fall war. Allerdings gibt es kaum ein Technologie-Unternehmen, das außer technischen Sachgütern im Premium-Bereich nicht auch produktbegleitende Dienstleistungen anböte; in der Regel sind sie profitabler als Sachgüter. Vielfach hat sich in den letzten Jahrzehnten sogar ein Geschäftsmodell durchgesetzt, das mit Blick auf die Gewinne in den After-Sales-Services angelegt ist. Als eines vieler Beispiele kann die Aufzugsbranche angeführt werden, wo die großen Hersteller wie Otis, Schindler, ThyssenKrupp und Kone ihre Aufzüge nur mit geringen Margen oder unter Selbstkosten verkaufen. Interessant ist der Gewinn, der sich anschließend durch Wartung und Reparatur ergibt. Ähnliche Geschäftsmodelle finden sich im Maschinen- und Anlagenbau oder in der IT-Branche, in denen das meiste Geld nach dem Kauf des Produkts mit Systemanpassungen und Upgrades verdient wird. Gleiches gilt für den Fahrzeugbau, wo mit Ersatzteilen Margen erzielt werden, die beim Fahrzeugverkauf völlig illusorisch sind.

Die hohe Profitabilität der After-Sales-Services liegt vor allem darin begründet, dass die Anbieter sich quasi monopolistische Marktstrukturen geschaffen haben. Das geschieht beispielsweise dadurch, dass die Garantie eines Produktes erlischt, wenn die Ersatzteile oder Wartungsdienstleistungen nicht bei dem Original Equipment Manufacturer (OEM) oder einer von ihm autorisierten Drittpartei gekauft werden. Oder aber die Kompatibilität mit anderen Teilen der Anlage wird erschwert, wenn die nächste Generation der Software nicht implementiert worden ist. Besonders wirksam und profitabel ist dergleichen, wenn gesetzliche Vorschriften Exklusivität bei Wartung und Reparatur sichern. Dieser Fall liegt bei Produkten wie Flugzeugen oder Kraftwerken vor, die für die öffentliche Sicherheit von besonderer Bedeutung sind. Für sie gibt es Landesvorschriften, die den Marktzugang für Ersatzteillieferanten regulieren. Ebenso ist es möglich, die technische Komplexität eines Produktes so zu steigern, dass es für andere Anbieter zu schwierig oder teuer ist, die Voraussetzungen zu Wartungs- und Reparaturarbeiten zu erfüllen; beispielsweise indem Hersteller mechanische Produktelemente durch elektronische ersetzen, bei denen eventuelle Funktionsprobleme nur mithilfe spezifischer Geräte analysiert werden können. Unternehmen, die versuchen, in solch wettbewerbsverlassene Räume vorzustoßen und bei Reparaturbedarf preisgünstige Lösungen anzubieten, werden bezeichnenderweise von den OEM als „Piraten" bezeichnet.

Der Fall Cerberus ECO führt vor Augen, dass in NFT-Märkten ein auf After-Sales zielendes Geschäftsmodell nicht erfolgversprechend ist. Bezogen auf China sprechen schon die riesige Fläche der Provinzen und deren geringe Durchdringung mit Technologie-Produkten gegen den Aufbau eigener Service-Teams. Die Mitarbeiter aus den Service-Bereichen der Premiumprodukte kommen dafür nicht in Frage, ihre hohen Stundensätze und langen Reisen würden ihre Einsätze zu teuer machen.

Allerdings stellen die fehlenden finanziellen Ressourcen der NFT-Kunden nur einen kleinen Teil des Problems dar. Interessanter ist, dass diese Kunden prinzipiell nicht bereit sind, dem bisherigen Geschäftsmodell der After-Sales-Services zu folgen. Dass Garantieleistungen verfallen, Ausfallzeiten entstehen oder die Betriebssicherheit gefährdet ist, wenn die Ersatzteile, Reparatur und Wartung nicht vom Originalhersteller gekauft werden, sind Argumente, die NFT-Kunden nicht akzeptieren. Sicher spielt hier eine Rolle, dass die Arbeitskräfte in den Schwellen- und Entwicklungsländern billig sind und der Ausfall einer Maschine unter Umständen durch Personal günstig kompensiert werden kann. Wesentlicher ist jedoch, dass die NFT-Kunden nicht von Anbietern abhängig sein wollen. Sie möchten Maschinen von den eigenen Mitarbeitern reparieren lassen oder bei Wartungs-

Services und Ersatzteilen unter preisgünstigen Drittparteien wählen können. Also kaufen sie Technologien, die die Kompetenz ihrer Mitarbeiter nicht überfordern. Eine NFT-Maschine zur Getränkeabfüllung hat deshalb einen hohen Anteil an mechanischen Elementen und einen geringen an komplizierter Steuerungselektronik. Übrigens lag hierin auch ein Geheimnis für den legendären Erfolg des alten Mercedes-Haubenwagens: Jeder gute Fahrer konnte ihn reparieren, selbst Tausende Kilometer vom nächsten Mercedes-Service-Center entfernt.

Angesichts dessen könnten die NFT-Märkte und ihr Wachstum auf die Traditionsunternehmen noch bedrohlicher wirken, als es ohnehin schon der Fall ist. Andererseits bieten sie ihnen die Chance, Erfahrungen mit einem Geschäftsmodell zu sammeln, das sich nicht auf die After-Sales-Services fixiert. Auch im Premium-Bereich verärgert das bisherige Geschäftsmodell viele Kunden, die sich dadurch übervorteilt fühlen. Darüber hinaus macht es den Anbieter angreifbar. Letzteres ist der Fall, wenn ein neuer Wettbewerber die technischen oder juristischen Bindungen des Kunden zum Produkthersteller überwindet. Ohne die Kostenlast zur Herstellung des wenig profitablen Kernproduktes kann er die After-Sales-Services günstiger anbieten und höhere Gewinne erzielen. In der oben erwähnten Aufzugsbranche sehen sich die großen Unternehmen diesem Problem dann gegenüber, wenn sich Mitarbeiter selbständig machen und den Kunden ihre Service-Kompetenz anbieten.

Im milliardenträchtigen Geschäft mit großen Gas- und Dampfturbinen, bei General Electric, Siemens und Alstom, haben diese Verschiebungen im After-Sales-Service-Bereich schon stattgefunden. Grund dafür sind die technisch komplizierten Turbinen, deren Reparatur von den Kraftwerksbetreibern kaum noch bewältigt werden kann. Noch weniger können sie vor dem Kauf die Risiken eines Turbinenausfalls und die Kosten der Wartungsarbeiten einschätzen. Deswegen haben sich in diesem Premium-Bereich auch outputorientierte Preismodelle durchgesetzt. Unter dem Schlagwort *Power by the Hour* ist die Entlohnung unmittelbar an die abgegebene Turbinenleistung gekoppelt. Bei älteren, einfacheren Gas- und Dampfturbinen haben Piraten das Service-Geschäft der traditionellen Hersteller bereits angegriffen. Daraufhin gründeten die etablierten Anbieter Unternehmenseinheiten, die den Service-Markt für weniger komplexe Turbinen bedienen. Bei Siemens heißt diese Einheit Turbocare. Es ist der Name eines ehemaligen Piraten, der 2002 von Siemens übernommen wurde. Anders als die Service-Teams für die Premium-Turbinen besitzt Turbocare keine eigene Entwicklungsabteilung und nur wenige Vertriebsangestellte. Stattdessen arbeitet das Unternehmen mit kleinen lokalen Sub-Lieferanten zusammen. Darüber hinaus hat Siemens mit der alten Regel gebrochen, nur Turbinen des eigenen Unternehmens zu betreuen. Turbocare bietet auch After-Sales-Service für Turbinen anderer Hersteller an.

3.8   Lamborghini-Verkäufer für Skoda?

Ähnlich wie bei den After-Sales-Services Umdenken erforderlich ist, muss ein Premium-Anbieter auch im Vertriebsbereich bereit sein, neue Wege zu gehen. Nehmen wir noch einmal das Beispiel Cerberus ECO: Eine Zusammenlegung des Vertriebs von Cerberus ECO und Sinteso wäre kontraproduktiv gewesen. Denn wenn ein Unternehmen sich für Frugal Engineering entschieden hat, muss die Unterschiedlichkeit zum Premiumprodukt auch im Vertrieb zum Ausdruck kommen. Dieser Aspekt wird bei technisch geprägten Unternehmen häufig unterschätzt. Sie konzentrieren sich eher auf die Aspekte technische Funktionalität und Produktgestaltung. Wenn wir uns erinnern: Auch Krones hatte anfangs die Probleme unterschätzt, die mit der Zusammenlegung des Vertriebs mit Kosme entstanden, und die organisationale Trennung erst später wieder eingeführt.

Das erste Problem, das sich durch unzureichende Differenzierung beim Vertrieb ergibt, ist die Gefahr des Imageschadens für das Premiumprodukt. Insbesondere im Konsumgüterbereich ist dieser Punkt von Bedeutung. Für Volkswagen beispielsweise wäre es undenkbar, dieselben Vertriebsressourcen für Lamborghini und Skoda zu benutzen. Das elegante Lamborghini-Image wird durch Lage und Gestaltung der Show-Rooms, das Promotionsmaterial und das Verkaufspersonal hergestellt; es würde leiden, wenn im gleichen Milieu der preiswerte Skoda angeboten würde (Abb. 3.9).

Allerdings gibt es auf B2B-Märkten weitere Faktoren, die für den getrennten Vertrieb von NFT-Produkten und Advanced Premium Goods sprechen. Premiumprodukte sind technisch kompliziert, erklärungsbedürftig und bieten Möglichkeiten zur kundenspezifischen Individualisierung. Das heißt, der Vertriebsmanager muss in der Lage

Abb. 3.9 a Lamborghini, **b** Skoda auf der Internationalen Automobil-Ausstellung in Frankfurt. (Quelle: Hartenberg, Michael (2009). Motorshow Essen – Lamborghini. URL: http://www. fotocommunity. de/pc/pc/cat/4654/ display/23302621 [19.04.2011]. (left) und Schütt, Chr. (2005). URL: http://7-forum. com/)

sein, den Bedarf des Kunden zu analysieren und ihn bei der spezifischen Auslegung des Produkts zu beraten. Das erfordert sowohl Zeit als auch Kompetenz. Beides treibt die Vertriebskosten nach oben. Dagegen wird von NFT-Produkten erwartet, dass sie simpel, verständlich und preiswert sind. Sie lassen sich, wenn überhaupt, kaum kundenspezifisch anpassen, sondern sind standardisiert. Eine umfassende Kundenberatung ist somit nicht erforderlich, und deswegen ist auch der teure Direktvertrieb der Premiumprodukte für NFT nicht sinnvoll. Die NFT-Vertriebler müssen verkaufs- und nicht beratungsorientiert sein. Dabei kann es sich um unternehmenseigene Teams handeln, die variabel entlohnt und deren Arbeit durch Online-Vermarktung ergänzt wird, oder um Handelspartner.

Ebenso wie im Fall Cerberus ECO ist der indirekte Vertriebsweg dann besonders sinnvoll, wenn die Zielmärkte in Regionen liegen, in denen der Anbieter bisher nicht präsent war und deshalb Handelspartner braucht, die die Gegebenheiten vor Ort kennen. Ein Nachteil des indirekten Vertriebswegs ist allerdings, dass der OEM die Kundenakquisition nicht mehr selbst steuert. So etwas wird zum Problem, wenn demselben Kunden NFT- und Premiumprodukte angeboten werden und die Gefahr der Kannibalisierung besteht. Insofern sollten sich die Vertriebsverantwortlichen der NFT- und Premiumprodukte über ihre Akquisitionsvorhaben jeweils abstimmen, selbst wenn eine hinreichende Produktdifferenzierung zwischen den beiden Angeboten gewährleistet ist. Auf die Weise vermeiden sie interne Rivalitäten und können Marktinformationen austauschen. Dabei kann die Möglichkeit, auf diese Weise Umsatzsynergien zu erreichen, durch Incentive-Systeme gesteuert werden.

Dennoch werden sich interne Reibereien nicht immer vermeiden lassen. Häufig entstehen sie schon aufgrund kultureller Unterschiede, die sich nicht nur auf nationale oder regionale Eigenheiten, sondern auch auf die Auffassung des richtigen Vertriebs beziehen können. Entsprechend einer sehr plastischen Vertriebstypologisierung von Jagdish Sheth von der Goizueta Business School wären für den Vertrieb der NFT eher verkaufsorientierte „Jäger" geeignet, während der Premium-Vertrieb von beziehungspflegenden „Farmern" gesteuert werden sollte.

Insgesamt sollte man die Konflikte zwischen diesen Gruppen und die Gefahr der Kannibalisierung aber auch nicht überbewerten. Um noch einmal auf das Beispiel des Volkswagen-Konzerns zu kommen: Mit der Akquisition von Skoda hatte der Konzern ein Produkt, das in der Positionierung keine große Distanz zu den Fahrzeugen der VW-Marke aufwies. Trotz der Gefahr der Kannibalisierung hielt der damalige Vorstandsvorsitzende Ferdinand Piëch an seinem Akquisitionsplan fest und begründete seine Entscheidung unter anderem mit der einfachen Logik, dass er VW lieber mit den eigenen Produkten kannibalisiere, als das den Wettbewerbern zu überlassen.

3.9   Der Kampf um die Marke

Ob NFT unter dem Namen der etablierten Premiummarke oder als Zweitmarke vertrieben werden soll, kann unter den Beteiligten erstaunlich emotional diskutiert werden. Insbesondere wenn die etablierte Marke in enger Verbindung zur Unternehmensgeschichte steht, wird sie häufig verklärt. Dass die Beschädigung der bestehenden Reputation ein Hauptargument gegen NFT ist, lässt sich denken. Dahinter verbirgt sich die Furcht, dass eine Traditionsmarke, die für Höchstleistung, technologische Innovation, Haltbarkeit, Zuverlässigkeit und Ästhetik steht, an Image verliert. Kommunikationspolitisch spricht man davon, dass ein sogenannter *Brand-Stretch* den *Goodwill* am Markt zerstören kann. Das gilt natürlich umso mehr, falls die Qualitätsvorgaben der NFT nicht eingehalten werden und für negative Schlagzeilen sorgen.

Interessanterweise werden diese Einwände vor allem dann vorgebracht, wenn ein Unternehmen NFT-Märkte mit Frugal Engineering bedienen möchte. Solange Old Technology oder De-featured Premiums angeboten werden, wird die Gefahr der Reputationsschäden geringer eingeschätzt. Die Gründe liegen auf der Hand: Die alten oder abgespeckten Produkte entsprechen immer noch der Tradition des Hauses und gelten als den Premiumprodukten wesensverwandt. Im Vergleich dazu stehen neue frugale Produkte dem tief verwurzelten Selbstverständnis entgegen, sie sind dem Premiumbewussten unangenehm. Hier spielen psychologische Dynamiken eine Rolle, die bislang wenig erforscht sind, sich aber mit Sicherheit um Begriffe wie Stolz und Ansehen drehen. Natürlich trägt in solchen Diskussionen auch der unter Umständen weit entfernte Entwicklungs- und Produktionsstandort der NFT-Produkte zur Skepsis bei, denn damit gehen zumindest unbewusst Befürchtungen einher, gewohnte Machtpositionen zu verlieren.

Die Argumente, die bei der Einführung von NFT-Produkten für einen Brand-Stretch sprechen, sind naheliegend. Dank der Reputation der Premiumprodukte können für die gleichnamigen NFT-Produkte neue Kundensegmente erschlossen werden. Mühe, Zeit und Geld zum Aufbau einer neuen Marke können gespart werden. Ebenso wie die Befürworter einer Zweitmarke mithilfe von BMW und Mini ein Erfolgsbeispiel aus der Automobilbranche heranziehen, führen die Gegner dieses Ansatzes oft ein anderes Beispiel aus demselben Marktbereich an. Sie verweisen darauf, dass Volkswagen unter der Marke VW Autos vom Phaeton bis zum Fox anbietet, obwohl diese Fahrzeuge unterschiedliche Zielgruppen ansprechen und in Qualität und Preis sehr unterschiedlich sind. Tatsächlich beweist das Beispiel VW, dass

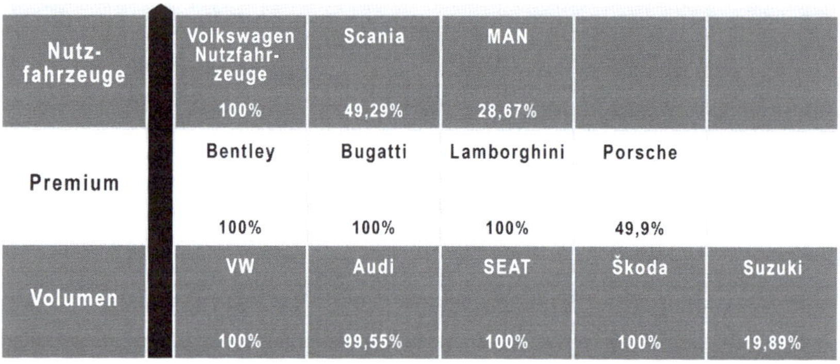

Nutz- fahrzeuge	Volkswagen Nutzfahr- zeuge 100%	Scania 49,29%	MAN 28,67%		
Premium	Bentley 100%	Bugatti 100%	Lamborghini 100%	Porsche 49,9%	
Volumen	VW 100%	Audi 99,55%	SEAT 100%	Škoda 100%	Suzuki 19,89%

Abb. 3.10 Die Marken der Volkswagen AG (2010). (Quelle: Eigene Darstellung in Anlehnung an Volkswagen AG)

mit Mischformen gearbeitet werden kann und mehrere Markenbe-
zeichnungen parallel verwendet werden können, solange sie in einem
klar definierten Verhältnis zueinander stehen. Volkswagen hat zurzeit
zehn Marken unterschiedlicher Produktfamilien, von denen VW nur
eine ist. Zu VW wiederum gehört die Sub-Marke Golf. Und unterhalb
dieser Sub-Marke wurde mit dem GTI sogar noch eine weitere Marke
geschaffen, mit der sich Golffahrer identifizieren sollen, die sich besonders sportlich sehen möchten (Abb. 3.10).

Siemens hat sich im Fall des Siemens Cerberus ECO für die Verwendung der Unternehmensmarke entschieden, doch durch den Zu-
satz Cerberus wird eine Differenzierung zu den Premium-Angeboten
hergestellt. Das Gleiche gilt für die MRT, bei denen die Unternehmensmarke Siemens vor der Bezeichnung ESSENZA steht. Dagegen
hat es KHS bei den Getränkeabfüllanlagen vorgezogen, die Maschinen unter demselben Namen zu vermarkten. KHS-Wettbewerber Krones wiederum hat mit Kosme eine erkennbare Zweitmarke etabliert.
Im LKW-Geschäft von MAN gibt es sogar unterschiedliche Herange-
hensweisen für die gleichen Produkte: Während die NFT-Lastwagen
in Indien MAN Force heißen, laufen sie in anderen asiatischen und
afrikanischen Ländern unter der Marke MAN. Generell lassen sich
bei Unternehmen, die ihr traditionelles Premium-Angebot um NFT-
Produkte erweitern, die drei folgenden Möglichkeiten beobachten
(Abb. 3.11):

Um diese Ansätze zu bewerten, werden wir uns noch einmal die
Ziele der Markenbildung verdeutlichen: Historisch gesehen wurden

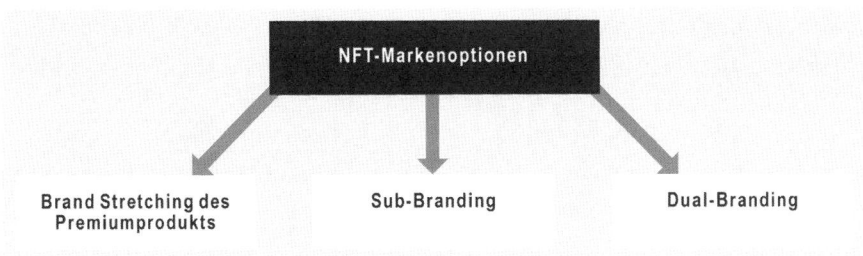

Abb. 3.11 Markenoptionen bei der Einführung eines NFT-Produkts

Marken hauptsächlich im Konsumgüterbereich verwendet. Auf die Weise wurde ein Leistungsversprechen gegeben, denn bei Getränken oder Zigaretten konnten die Qualitätsunterschiede erheblich und für Kunden nicht ersichtlich sein. Für Marken wie Coca-Cola oder Marlboro ging mit der Etablierung ihrer Marke das Bestreben einher, unabhängig von Ort und Zeit den Kunden ein vergleichbares Produkt anbieten zu können.

Bei hoher Produktindividualisierung ist ein solcher Markennutzen für Technologie-Unternehmen weniger bedeutend. Darüber hinaus ist, wie schon gesagt, die Produktkenntnis der Kunden auf den B2B-Märkten größer als die B2C-Kunden. Mitunter haben die Manager in den Kunden- wie auch Lieferantenunternehmen sogar die gleiche Ausbildung und Branchenerfahrung. Generell gilt, dass die Marke für den Verkaufserfolg je unwichtiger ist, desto besser die Kunden die Qualität eines Produktes kennen. Grundsätzlich kann auch festgehalten werden, dass die Marke auf B2B-Märkten eine weniger wichtige Rolle spielt, als es die Diskussionen in den Technologie-Unternehmen vermuten lassen.

3.10   Niedrigkosten

Niedrige Kosten sind die Grundvoraussetzung für den Erfolg in NFT-Märkten. Die Kostenvorgaben leiten sich aus der Zahlungsbereitschaft der Kunden ab, wobei 60 % Preisunterschied zu den Premiumprodukten nicht ungewöhnlich ist. Um über die erforderlichen Kostenstrukturen zu verfügen, reichen konventionelle Sparmaßnahmen bei einem Premium-Anbieter nicht aus, denn es sind Quantensprünge gegenüber den bisherigen Selbstkosten vonnöten. Deren Realisierung dürfte die größte Herausforderung für die Unternehmen sein, die mit Frugal Engineering in den NFT-Markt einsteigen möchten.

Erste Möglichkeiten, die Kosten zu reduzieren, ergeben sich aus dem bisher Gesagten. Mitarbeiter-Teams aus den Zielmärkten können zu einer günstigen Kostenposition beitragen, denn in Schwellen- und Entwicklungsländern sind die Gehälter immer noch vergleichsweise niedrig. Zwar sind sie bei technisch qualifizierten Mitarbeitern in China und Indien in den letzten Jahren schneller gestiegen als in Westeuropa oder Nordamerika, doch selbst bei Entwicklungsingenieuren bestehen nach wie vor Kostenunterschiede in einem Faktor von 5 bis 10.

Falls allerdings, wie im Maschinen- und Anlagenbau, die Personalkosten lediglich 10 bis 15 % der Selbstkosten ausmachen, werden die notwendigen Einsparungen so nicht gelingen. Deswegen hat Bosch die Entwicklung kostengünstiger ABS-Bremssysteme für PKW 2008 interessanterweise auch an seine Niederlassung im Hochlohnland Japan vergeben. Da dort bereits die simpleren Bremssysteme für Zweiräder entwickelt wurden, ging Bosch davon aus, dass die japanischen Kollegen die technische Gestaltung eines billigeren Produktes für den Kfz-Markt am besten bewerkstelligen können. Schließlich beeinflusst die Produktauslegung die Höhe der Kosten stärker als der Standort. Erstere bestimmt, welche Materialien eingesetzt und in welchen Mengen sie gekauft werden müssen, welche Investitionen notwendig und welches Ausbildungsniveau der Mitarbeiter für die spätere Produktion erforderlich ist. Ein entscheidender Kostenfaktor liegt auch im Grad der Standardisierung der Produktelemente und Produktionsprozesse. Premiumprodukte zeichnen sich im Technologie-Bereich wie gesagt meistens dadurch aus, dass sie den individuellen Wünschen der Kunden weitgehend entsprechen. Das bedeutet auch, dass eine Vielzahl von Leistungsmerkmalen unterschiedlich konfiguriert wird, um einem spezifischem Bedarf gerecht zu werden. Das führt zwangsläufig zu hohen Komplexitätskosten, die im Maschinenbau bis zu einem Viertel der Selbstkosten ausmachen können. Sie möchte man bei NFT vermeiden.

Die NFT-Standardisierung bezieht sich vorrangig auf die technischen Komponenten, die den Kern der Produkte und den Großteil der Material- und Fertigungskosten ausmachen. Hier gilt die Devise *one size fits all*. Das berühmteste Beispiel ist das alte Modell T von Ford, ein Auto, das zu Beginn des letzten Jahrhunderts auf den Markt kam und dessen niedriger Preis auf Massenproduktion und Standardisierung beruhte. Der Wagen könne seinetwegen jede Farbe haben, sagte Henry Ford damals, Hauptsache, sie sei schwarz.

Bei Elementen, die sich kaum auf die Material- und Fertigungskosten auswirken, kann natürlich auch bei den NFT individualisiert werden. So steht der NFT-Leiter der KHS in China bestimmten Sonderwünschen seiner Kunden aufgeschlossen gegenüber: „Wenn ein Kunde möchte, dass seine Maschine außen grün sein soll, dann machen wir das. Sogar ohne Aufpreis." Möglich wird das durch das reichlich verfügbare Personal und die geringen Personalkosten in China. Die Kosten für eine einfache Außenlackierung sind in China selbst in Relation zu den niedrigen Preisen von NFT-Maschinen immer noch so günstig, dass KHS sie ohne große finanzielle Einbußen übernehmen und als Zeichen der Kundenorientierung nutzen kann.

Um den Aufwand bei NFT niedrig zu halten, werden neben geringer Produktkomplexität und hohem Standardisierungsgrad auch alle anderen Wege zur Minimierung der Herstellkosten genutzt. Beispielsweise werden Lieferanten gewählt, die ebenfalls im Niedrigpreis-Segment tätig sind, vorausgesetzt, sie werden den Qualitätsanforderungen gerecht. Dank der einfachen technischen Konstruktion der NFT können externe Lieferanten auch mit der Fertigung von mehr Komponenten als im Premium-Bereich beauftragt werden, denn bei NFT liegt vielen Komponenten kein wettbewerbsrelevantes Knowhow zugrunde. Diese Option wird genutzt, wenn die Preise der Lieferanten wegen der Mengeneffekte günstiger als die entsprechenden Produktionskosten des NFT-Anbieters sind.

Ebenso wie bei den Materialkosten werden auch bei den Fertigungskosten neue Wege eingeschlagen. Ein gutes Beispiel dafür ist die NFT-Produktionsstätte der KHS in China. Erstmals in der Unternehmensgeschichte wurden dort gebrauchte Maschinen zum Aufbau der Fertigungsanlagen gekauft. Generell verlangt das NFT-Geschäft eine Mentalität, die in weiten Teilen der Industrienationen seit dem Wirtschaftswachstum der 1950er Jahren verloren gegangen ist. Die Rede ist vom geschickten Improvisieren, für das es in Indien den Begriff des *jugaad* gibt, das heißt die Fähigkeit, aus beschränkten Mitteln das Beste zu machen. Damit geht auch einher, dass man bei den Gemeinkosten Ansätze braucht, die mit den Standards der Premium-

Anbieter wenig zu tun haben. Komplizierte Entscheidungsprozesse, umfassendes Berichtswesen und aufwändige Personaladministrationen kann man sich bei NFT nicht leisten. Es muss allerdings auch erwähnt werden, dass sinnvolle Vorschriften zur Arbeitssicherheit dabei gelegentlich auf der Strecke bleiben. Weniger problematisch dürften fehlende Hochglanzbroschüren, prestigeträchtige Büros und Kantinen mit Menükarte sein. No-frills bei den Produkten heißt auch no-frills bei den internen Strukturen.

Dennoch ist es möglich, dass die Zielvorgaben für die NFT-Selbstkosten trotz all solcher Bemühungen nicht erreicht werden. Grund dafür können die Kalkulationsmechanismen im Großteil der klassischen B2B-Unternehmen sein. Die Rede ist von den Verfahren der Zuschlagskalkulation, nach denen die Gemeinkosten eines Unternehmens über prozentuale Zuschlagssätze proportional den Produkteinzelkosten zugeordnet werden. Auf diesem Weg fließen auch die Kosten der Zentralbereiche in die Selbstkostenkalkulation eines NFT-Produkts. Der Aufwand für Grundlagenforschung, die Vorstandsbudgets, Marketing-, Controlling- und Verwaltungskosten der Zentrale eines Premiumanbieters können allerdings eindrucksvolle Größen erreichen. Wenn sie auf der Basis der bereichsübergreifenden Kostenverteilungsschlüssel unter anderem auch den NFT-Produkten angelastet werden, ist es mit deren niedrigen Kosten vorbei. Und dann steht ihre Wettbewerbsfähigkeit auf dem Spiel, denn andere NFT-Anbieter werden ihre Produkte ohne diese Zuschläge kalkulieren.

Eine Möglichkeit, mit diesem Problem umzugehen, ist die Änderung der bisher üblichen Kalkulationsmechanismen. Beispielsweise können die NFT-Bereiche aus dem gängigen Schlüsselungsmechanismus der zentralen Gemeinkosten herausgenommen werden. Stattdessen würden dem NFT-Bereich lediglich die Leistungen direkt in Rechnung gestellt, die von der Zentrale unmittelbar für ihn erbracht werden, wie das Recht zur Nutzung der Premiummarke. Als Grundlage können Marktpreise dienen. In diesem Fall würde der NFT-Bereich kostenrechnerisch wie eine unternehmensexterne Institution behandelt, auch wenn er dem Premium-Anbieter gehört.

Aus der Perspektive des zentralen Controllings sind solche Ausnahmen natürlich unerwünscht, schon deshalb, weil sie die Forderung anderer Bereiche nach gleichen Ausnahmeregelungen nach sich ziehen. Deshalb können Ausnahmen bei den Kalkulationen der NFT-Bereiche in einem Konzern sowohl für Unruhe sorgen als auch die Komplexität des Rechnungswesens erhöhen. Sie werden trotzdem nötig sein. Krones hat die früheren Kalkulationsregeln bereits zugunsten der NFT-Produkte geändert.

3.11 Reverse Glocalisation

Zum Schluss wenden wir uns noch einmal den NFT-Herausforderungen im Hinblick auf die Unternehmensorganisation zu. Solange dem Konzept der Old Technology oder De-featured Premiums gefolgt wird, sind sie überschaubar. Da gibt es bewährte Vorgehensweisen, die den Erfolg dieser Bereiche ebenso sicherstellen wie deren reibungslose Integration in die Unternehmensorganisation. Das ist anders, wenn man bei Frugal Engineering neue Produkte auf den Markt bringen möchte, deren enge Verzahnung mit dem Premium-Bereich vermieden werden soll. Einerseits ist dann eine hohe Eigenständigkeit der NFT-Bereiche notwendig, andererseits ist darüber hinaus die Zusammenarbeit mit anderen Einheiten des Gesamtunternehmens sinnvoll. Erst recht trifft das zu, wenn NFT-Produkte auf einem Landesmarkt erfolgreich eingeführt wurden, aber auch für andere Länder interessant sind.

Siemens Medizintechnik beispielsweise erreichte mit seinen in China für China entwickelten Produkten im MRT-Bereich die Absatzziele zuerst nur schleppend. Dagegen gab es für diese Geräte eine überraschend hohe Nachfrage in einem Markt, den man anfangs nicht ins Auge gefasst hatte, nämlich den Vereinigten Staaten. Der Kostendruck im Gesundheitswesen hatte die Krankenhäuser dort ihre Beschaffungspolitik überdenken lassen. Die günstigeren Geräte aus China boten im Vergleich zu den Premium-Geräten zwar ein eingeschränktes Einsatzspektrum, deckten aber einen Teil der Anwendungen in vergleichbarer Qualität ab. Deswegen entschieden sich kleinere Krankenhäuser für die günstigeren Produkte, und auch größere Häuser begnügten sich bei der Anschaffung eines Zweitgerätes mit den MRTs aus China. Zudem erreichte Siemens Medizintechnik in Nordamerika mit den chinesischen MRT-Geräten große Arztpraxen, für die die Anschaffung supraleitender MRTs bis dahin nicht in Frage gekommen war.

Auf dem gleichen Gebiet gibt es Beispiele bei General Electric. Sie veranlassten den CEO, Jeffrey Immelt, zusammen mit Vijay Govindarajan und Chris Trimble 2009 einen Artikel mit dem Titel „How GE Is Disrupting Itself" zu verfassen (Immelt et al. 2009). Darin führten sie den Begriff der *Reverse Innovation* ein, was bedeutete, dass bei einigen Technologie-Unternehmen die Innovationen nicht mehr in der heimatliche Zentrale entwickelt und mit einigen Anpassungen in anderen Ländern vermarktet werden, sondern dieser Vorgang inzwischen auch „reverse" verläuft: In Ländern wie Indien und China entstehen Innovationen, die von dort aus in Richtung Westen gehen. Fraglos gibt dieser Trend den jeweiligen Unternehmen die Möglichkeit, weiter zu wachsen. Allerdings führt er auch zu erhöhter Komplexität, die durch Nutzung von Größenvorteilen keineswegs verringert wird. Wenn Konzerne internationaler und vielfältiger werden, entsteht zwar mehr marktliches und technisches Know-how, aber das Zusammenwirken der Einheiten wird schwieriger, von synergetischen Effekten ganz zu schweigen. Dabei geht es um mehr als nur Kosten. Ebenso dreht es sich darum, das Know-how eines Bereichs in einem anderen zu nutzen, seien es Kenntnisse über Kunden, Lieferanten, Mitarbeiter, technische Verfahren, Prozesse oder Produkte. Wenn dieses Wissen nicht mehr hierarchiebedingt in einer Zentrale zusammenläuft und von dort aus in andere Bereiche diffundiert wird, müssen andere Koordinationsmöglichkeiten gefunden werden.

Theoretisch gibt es dazu Lösungen in Form polyzentrischer Netzwerke. Sie zeichnen sich dadurch aus, dass die Einheiten oder Knoten ein interdependentes Verhältnis zueinander haben, ihre Entscheidungen jedoch weitgehend autonom treffen. Es gibt keine zentrale Steuerungseinheit wie die klassische Unternehmenszentrale, sondern die Entscheidungszentren sind über die wichtigsten regionalen Märkte der Welt verteilt. Als zentrales Koordinationsinstrument gelten die Verhandlungen zwischen den Entscheidungseinheiten. Durch solche bi- oder multilateralen Abstimmungsprozesse wird die Allokation von Unternehmensressourcen – Geld, Know-how oder Mitarbeiter – so gesteuert, dass sich die Organisationseinheiten zügig und effizient auf sich verändernde Marktbedingungen einstellen können und kein Verwaltungsapparat sie aufhält. Gestützt werden diese Prozesse von einer Unternehmenskultur, deren Wertegerüst dafür sorgt, dass die Zusammenarbeit dem nachhaltigen Gesamterfolg dient. Soweit

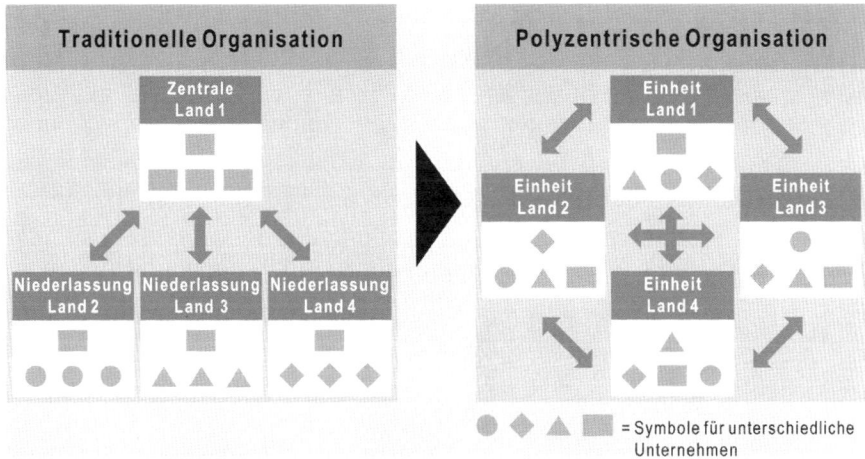

Abb. 3.12 Organisationsstrukturen

jedenfalls die Theorie. Tatsächlich handelt es sich um ein Modell, was bedeutet, dass die Komplexität der Praxis reduziert wurde. Wenn das unten dargestellte Idealbild polypolitischer Netzwerkstrukturen in Unternehmen noch nicht umgesetzt worden ist, liegt das auch an den Einflussfaktoren des betrieblichen Alltags, die in diesen Modellen nicht erfasst wurden: Machtstreben, Eitelkeiten, Eifersüchteleien, persönliche Ressentiments, um nur einige zu nennen (Abb. 3.12).

Gleichwohl gibt es in der Praxis Bestrebungen, die zu polypolitischen Netzwerken tendieren. Wenn westliche Technologie-Unternehmen ihre Forschungs- und Entwicklungsaktivitäten zunehmend in die Schwellen- und Entwicklungsländer verlagern, Konzerne wie Siemens oder General Electric dort technologiebezogene Kompetenzzentren gründen oder Cisco Systems in Bangalore eine zweite Unternehmenszentrale eröffnet, dann sind solche Tendenzen bereits deutlich erkennbar. Insbesondere in den NFT-Bereichen wird diesen neuen Zentren verstärkt die Verantwortung für das weltweite Produkt-Management übertragen. Beispielsweise hat die für Cerberus ECO in China zuständige Siemens-Gruppe entschieden, ihr Produkt auch in Russland anzubieten, die entsprechenden Anpassungen vorgenommen und sowohl Listenpreise als auch Rabattkorridore angesetzt.

Natürlich geschieht das in Abstimmung mit den SBT-Verantwortlichen der Niederlassung in Russland sowie – noch – mit der SBT-Zentrale in der Schweiz. Sollte es in der Zentrale Einwände gegen eine solche Ausweitung des Geschäfts geben, könnte und würde das dortige Management auch entscheidend intervenieren. Mit anderen Worten: Die letzte Entscheidungsgewalt liegt derzeit noch in der Zentrale. Insgesamt jedoch sind in den westlichen Technologie-Unternehmen, die den Aufbau von NFT-Bereichen als strategischen Weg verfolgen, Veränderungen in der Organisationsstruktur zu beobachten, bei denen die Machtverschiebung zugunsten der Schwellen- und Entwicklungsländer deutlicher wird. Diese Tendenz dürfte sich umso mehr verstärken, je größer der ökonomische Erfolg dieser Einheiten wird.

3.12   Kernaussagen

- Um in den neuen Wachstumsmärkten die Kundensegmente mit geringer Zahlungsbereitschaft anzusprechen, sind frugale Innovationen vielversprechender als der Export veralteter Technologien oder das Angebot abgespeckter Premiumprodukte.
- Im Fall frugaler Innovationen sollten Produktentwicklung und -management in der Nähe der neuen Kunden statt in der Firmenzentrale liegen.
- In den NFT-Märkten sind Geschäftsmodelle, die auf Gewinnen aus After-Sales-Aktivitäten beruhen, wenig erfolgversprechend.
- NFT und Advanced Premium Goods sollten von getrennten Vertriebs-Teams vermarktet werden; Zielkunden sollten unter ihnen jedoch abgestimmt und Anreize zur gegenseitigen Unterstützung eingeführt werden.
- Für NFT müssen die gewohnten Standards, Prozesse und Gewohnheiten der Premiumproduktion angepasst werden. Auch die gängigen Regeln zur Allokation der Gemeinkosten sind zu überdenken.
- *Brand-Stretching*, *Sub-Branding* und *Dual-Branding* sind Optionen der Markenbezeichnung bei NFT. Für alle drei gibt es im B2B-Geschäft erfolgreiche Beispiele. Ein wichtiger Faktor für die jeweilige Entscheidung sollten die Marktkenntnisse der Kunden sein.
- NFT in Form frugaler Innovationen zwingt Premium-Hersteller dazu, ihre organisationalen Strukturen zu dezentralisieren beziehungsweise zu globalisieren.

Weiterführende Literatur

Adner R, Snow DC (2010) Bold retreat: a new strategy for old technologies. Harv Bus Rev 88 2:76–81

Asare KA, Brashear-Alejandro TG, Granot E, Kashyap V (2011) The role of channel orientation in B2B technology adoption. J Bus Ind Mark 26(3):193–201

Biggemann S, Fam K-S (2011) Business marketing in BRIC countries. Ind Mark Manag 40:5–7

Feinberg SE, Gupta A (2004) Knowledge spillovers and the assignment of R&D responsibilities to foreign subsidiaries. Strat Manag J 25 (8/9):823–845

Immelt JR, Govindarajan V, Trimble C (2009) How GE is disrupting itself. Harv Bus Rev 87(10):56–65

Khanna T, Song, J, Lee K (2011) The paradox of Samsung's rise. Harv Bus Rev 89(7/8):142–147

Kumar N (2006) Strategies to fight low-cost rivals. Harv Bus Rev 84(12):104–112

Sheth JN, Sharma A (2006) The surpluses and shortages in business-to-business marketing theory and research. J Bus Ind Mark 21(7):422–427

Wang R, Song J (2011) Business marketing in China. Review and prospects. J Bus Bus Mark 18(1):1–49

Complex Service Solutions (CSS)

4

4.1 Voith Paper

Im Jahr 2008 führte Voith Paper, Weltmarktführer in der Herstellung von Papiermaschinen, bereichsübergreifend ein Programm zur Effizienzsteigerung durch. Davon war auch der Vertriebsbereich der grafischen Papiermaschinen betroffen, der umsatzstärkste der Produktgruppe. Allerdings wollten die Beteiligten dort nicht den üblichen Weg der Kostenreduktion gehen, denn sie hätte unter den hundert Mitarbeitern in Vertrieb, Vertriebsunterstützung und Projektierung zu Entlassungen geführt. Stattdessen wurde geplant, mit diesen Mitarbeitern zusätzliche Erlöse zu erwirtschaften, indem ihr Know-how zur Vermarktung komplexer Dienstleistungen genutzt werden sollte.

Die Firma Voith Paper ist seit über hundert Jahren Hersteller grafischer Papiermaschinen. Dabei handelt es sich um vierhundert Meter lange Anlagen, die auf einer Breite von mehr als neun Metern bis zu zweitausend Meter hochwertiges Papier pro Minute produzieren. Der Stromverbrauch einer solchen Maschine entspricht dem einer Stadt von etwa hunderttausend Einwohnern, sie hat eine Lebensdauer von mehreren Jahrzehnten, und etwaige Unterbrechungen der Produktion sind mit erheblichen Kosten verbunden. Dank der hohen Qualität ihrer Produkte genießt die Firma Voith Paper einen hervorragenden Ruf.

Der Preis einer solchen Maschine beläuft sich auf bis zu dreihundert Millionen Euro. Wenn über ihre Anschaffung nachgedacht wird, ziehen die Papierproduzenten vielfach Berater hinzu, die den Kaufbedarf genau analysieren. Das Ergebnis dieser Analyse beinhaltet unter anderem die Produktionsprozesse, die Auslegung des Gebäudes, in dem die Maschine untergebracht werden soll, und die notwendigen

O. Plötner, *Counter Strategies im globalen Wettbewerb*,
DOI 10.1007/978-3-642-28138-9_4,
© Springer-Verlag Berlin Heidelberg 2012

Abb. 4.1 Papiermaschine von Voith Paper. (Quelle: Voith AG. Neuanlagen. URL: www.voithpaper.de/neuanlagen.htm[20.01.2011])

Personalressourcen. Auf dieser Basis werden die technischen Spezifikationen der Maschine definiert. Ebenso wie in anderen Bereichen technisch geprägter B2B-Märkte werden danach ausgewählte Anbieter aufgefordert, in einer detaillierten, Tausende Seiten langen Angebotsdokumentation darzulegen, inwieweit sie diesen Spezifikationen gerecht werden können.

Dass die Beantwortung solcher *Requests for Quotation* (RFQ) für Anbieter wie Voith Paper mit erheblichem Aufwand verbunden ist, versteht sich von selbst. Ihre Bearbeitung nimmt oft hundert, bisweilen sogar zweihundert Manntage in Anspruch. Die Vertriebsmitarbeiter von Voith Paper, die diese Angebote erstellen, müssen über hohe technische Kompetenz verfügen, die über die Kenntnis der eigenen Maschinen hinausgeht. Ebenso sind sie über künftige Technologie-Entwicklungen im Bild, kennen auf der Basis jahrelanger Zusammenarbeit mit den Kunden deren Prozesse und wissen, wie die Maschinen der Wettbewerber funktionieren. Auf diesem Sachverstand beruht die Erstellung eines Angebots, eine Leistung, die bis zum Jahr 2008 nie bezahlt wurde. Die Kunden von Voith Paper – ebenso wie viele andere Kunden auf den B2B-Märkten – waren bis dahin der Ansicht, dass die Aussicht auf einen späteren Auftrag für den Anbieter Grund genug sein sollte, diese Kosten selbst zu tragen (Abb. 4.1).

Weltweit gibt es etwa dreihundert papierproduzierende Unternehmen, die sich die Anschaffung einer solchen grafischen Papiermaschine leisten können. Zwei Drittel der Nachfrage werden zu etwa gleichen Teilen von Voith Paper und dem finnischen Wettbewerber Metso Paper abgedeckt. Die beiden Unternehmen liefern jeweils nur ein bis zwei große Maschinen pro Jahr. Dennoch behandelten sie bis 2008 jährlich jeweils zehn bis fünfzehn RFQ. Manche Aufträge gingen an andere Wettbewerber verloren, aber häufig verschob der Kunde nach Erhalt des Angebots den Kauf oder gab das Vorhaben, eine Papiermaschine zu erwerben, gänzlich auf. Dieser Vergeudung vertrieblicher Ressourcen hat Voith Paper schließlich Einhalt geboten. 2008 kündigte der Vertriebsleiter auf einer Kundenkonferenz an, dass die aufwändigen Angebote für Kaufinteressenten fortan nur noch gegen kostendeckende Bezahlung erstellt würden. Im Fall des späteren Kaufs könne der Preis für diese Dienstleistung angerechnet werden. Den Kunden wurde dieser Schritt so erklärt, dass die jährlichen Kosten zur Angebotserstellung bisher als Vertriebsgemeinkosten kalkuliert und somit letztlich von den wenigen Käufern getragen wurden. Das sei diesen gegenüber ungerecht, denn so würden sie dafür zahlen, dass andere Kaufinteressenten sich überschätzten und geplante Projekte aufgeben müssten. Der Mehrheit der Kunden leuchtete diese Erklärung ein. 2009 verbesserte Voith seine Hit-Rate von zehn auf dreißig Prozent. Umsatzeinbußen gab es nicht, zumal sich der Hauptwettbewerber Metso nach kurzer Zeit dem neuen Ansatz anschloss. Für die ernsthaften Kaufinteressenten war es demnach zu risikoreich, ein Beschaffungsprojekt ohne eine der beiden marktlich und technisch führenden Anbieter anzugehen. Das galt umso mehr, als der Preis für die Angebotserstellung im Vergleich zum Kaufpreis letztlich unbedeutend war und im Fall eines Kaufs darüber hinaus wegfiel.

Da Voith Paper ab 2008 weniger RFQ zu bearbeiten hatte, bekamen die technischen Vertriebsspezialisten mehr Zeit für neue Tätigkeiten, die seitdem auf zweierlei Weise genutzt wird. Zum einen bietet das Unternehmen für die Phase der Bedarfsanalyse jetzt auch die Beratungsdienstleistungen an, für die die Kunden bis dahin technische Consultants von außen engagiert hatten. Ihnen gegenüber haben die Voith-Spezialisten einen großen Vorteil: Da sie Zugang zur hauseigenen Forschung und Entwicklung haben, sind sie nicht nur über aktuelle, sondern auch über zukünftige technologische Entwicklungen bestens informiert. Überdies sind ihre Tagespreise niedriger, denn ihr Einsatz wird lediglich kostendeckend kalkuliert. Natürlich gibt es Kunden, die befürchten, Voith Paper werde die Beratungsrolle missbrauchen, um den Kauf der eigenen Maschinen zu forcieren. Dieser Skepsis begegnet Voith Paper, indem es die Unterlagen offengelegt und die Mitarbeiter des Kunden in die Beratungsteams integriert.

Darüber hinaus nutzte Voith Paper die zur Verfügung stehende Zeit der Vertriebsmitarbeiter zur Einführung eines neuen Beratungsprodukts, mit dem bei Energy- und Quality-Audits von technischen Anlagen – ganz gleich von welchem Hersteller – Potenziale zur Effizienzverbesserung lokalisiert werden. Auch in diesen Fällen dient das Know-how der Voith-Paper-Experten dazu, die Produktionsprozesse der Kunden zu analysieren, sie anhand unternehmensübergreifender Vergleiche zu bewerten, kundenspezifische Vorschläge zur Optimierung zu erarbeiten und deren ökonomische Wirkung für den Kunden zu berechnen. Die Nachfrage nach dieser Art der Kundenberatung war bereits im ersten Jahr so groß, dass in der Vertriebsabteilung keine der zuvor gefürchteten Kostensenkungsmaßnahmen durchgeführt werden mussten. Die Vertriebsmitarbeiter, die bislang als reine Kostenstelle geführt wurden, generieren mit den in dieser Branche innovativen Audits seit 2008 direkt Umsatz. Und natürlich stärken sie die Beziehung zu den Kundenunternehmen, für die sie beratend tätig sind.

Bezogen auf den Umsatz ist dieser Fall nicht aufsehenerregend. Auf den ersten Blick scheint noch am interessantesten, dass Voith Paper in der Lage war, die Bezahlung für die umfangreichen Angebotsunterlagen am Markt durchzusetzen; denn das wünschen sich in B2B-Märkten etliche Vertriebsmanager, die ihre Angebote wegen der technisch komplizierten Produkte und des spezifischen Kundenbedarfs mit beträchtlichem Ressourceneinsatz erarbeiten müssen. Davon abgesehen treibt der Aufwand für die Angebotserstellungen die Kosten des Vertriebs in die Höhe und schwächt die Motivation der Mitarbeiter, wenn ihr Einsatz vergebens war. Der Erfolg, die bisher unbezahlten Dienstleistungen entlohnt zu bekommen, mag im Fall Voith Paper auch dem Nachziehen des Hauptwettbewerbers geschuldet sein; in erster Linie basiert er jedoch auf der offenen Kommunikation mit den Kunden. Nach den Erfahrungen von Voith Paper sind die Kunden durchaus bereit, neue Regeln zu akzeptieren, vorausgesetzt, sie werden ihnen einleuchtend erklärt und bieten ihnen Vorteile.

Wettbewerbsstrategisch interessanter sind aber die neuen Beratungsleistungen, für die Voith Paper am Markt Abnehmer gefunden hat. Insbesondere mit den Energy- und Quality-Audits wurde ein Bedarf entdeckt, bei dem das Unternehmen die Wettbewerbsvorteile nutzt, die es gegenüber neu in den Markt drängenden Konkurrenten hat. Außer dem Know-how in Technologie und Kundenprozessen ist hier allerdings noch ein weiterer Faktor von Bedeutung: Aufgrund seiner langen Unternehmensgeschichte genießt Voith Paper im Markt den Ruf eines vertrauenswürdigen Partners. Wenn man in einem Unternehmen Schwachpunkte verbessern möchte, von denen weder Lieferanten noch Wettbewerber oder Abnehmer etwas erfahren sollen, dann ist ein solcher Ruf ausschlaggebend. Ergibt etwa ein Quality-Audit, dass das hergestellte Papier zu suboptimalen Druckergebnisse führen kann, ist der vertrauliche Umgang mit dieser Information von großer Bedeutung.

Die Vorzüge, die Voith Paper in Bezug auf die Quality- und Energy-Audits bietet, sind von neuen Wettbewerbern nur schwer kopierbar. Der Bedarf an solchen Audits ist jedoch hoch, denn schon wenn die Effizienz im Energiebereich um wenige Prozent verbessert wird, spart ein Papierhersteller beträchtliche Summen ein. Zwar sind diese neuen Beratungsangebote in Relation zum Maschinenverkauf finanziell noch von geringer Bedeutung, aber der Schritt, solche Dienstleistungen zu entwickeln und erfolgreich im Markt einzuführen, ist zukunftsweisend. Ganz sicher ist es ein Erfolgsbeispiel für die Unternehmen, die in ihrem Kerngeschäft wegen der Kopierbarkeit ihrer Sachgüter und der hohen Preise für ihre Wartungs- und Reparaturdienste zunehmend unter Wettbewerbsdruck geraten. Insofern werden solche komplexen Dienstleistungen auch bei anderen Technologie-Unternehmen an Bedeutung gewinnen.

4.2   Wachstumschancen bei Dienstleistungen

Nach Aussage des Statistischen Bundesamts werden in Deutschland mit Dienstleistungen etwa siebzig Prozent des Bruttoinlandsprodukts generiert. Die restlichen dreißig Prozent werden der Kategorie der Industriegüter und landwirtschaftlichen Erzeugnisse zugerechnet (Abb. 4.2).

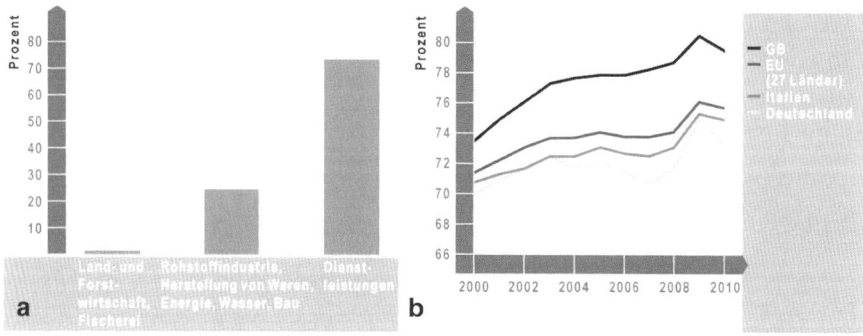

Abb. 4.2 a Anteil der Dienstleistungen in Deutschland, **b** Entwicklung der Dienstleistungen ausgewählter Länder. (Quelle: Statistisches Bundesamt, Wiesbaden 2011)

Auch in anderen westlichen Ländern hat der Anteil der Services in den vergangenen Jahrzehnten zugenommen, wobei dieser Kategorisierung das Verständnis zugrunde liegt, dass Dienstleistungen im Gegensatz zu Gütern oder Erzeugnissen immateriell sind. Allerdings spiegeln die statistischen Daten die in einer Volkswirtschaft erbrachte Wertschöpfung nicht ganz korrekt wider, sondern sind durch die vereinfachte Zuordnung ganzer Betriebe zustande gekommen. Wenn die Gehaltsabrechnungen eines Maschinenbauunternehmens beispielsweise intern durchgeführt werden, gilt die Arbeit als einem Industriegüterbetrieb zugehörig und wird ihm statistisch zugerechnet. Entschließt sich dieses Maschinenbauunternehmen jedoch, die Arbeit der entsprechenden Abteilung einem Dienstleister wie Accenture zu übergeben, gilt sie statistisch als dem Dienstleistungssektor zugehörig. In einem solchen Fall käme es zu einer weiteren Bestätigung des Wachstumstrends für Dienstleistungen, obwohl sich an der Art der Arbeit nichts geändert hat.

Parallel zu den volkswirtschaftlichen Wachstumsprognosen haben sich viele westliche Unternehmen das Ziel gesetzt, ihr Dienstleistungsgeschäft zu stärken. Das gilt ganz besonders für Unternehmen, die traditionell Advanced Premium Goods herstellen. Exemplarisch ist hier der europäische Konzern EADS, der neben den bekannten Airbus-Verkehrsflugzeugen auch Hubschrauber, Verteidigungstechnik und Satelliten produziert. In seiner „Vision 2020" kündigte der ehemalige CEO, Louis Gallois, 2007 an, den Anteil des Dienstleistungsgeschäfts in den kommenden Jahren auf 20 Mrd. Euro erhöhen und somit fast verdreifachen zu wollen.

Es sind vor allem vier Gründe, aus denen das Management von Technologie-Unternehmen solche und ähnliche Ziele formuliert. Erstens werden für Dienstleistungen nicht nur nach der Einschätzung des deutschen Statistischen Bundesamtes, sondern auch nach den Analysen zahlreicher unternehmensinterner Planungsstäbe hohe Wachstumsraten erwartet. Zweitens sind die Beteiligten davon überzeugt, dass mit Dienstleistungen höhere Gewinne als mit Sachgütern erzielt werden können. Dabei ist der wirtschaftliche Erfolg von Dienstleistungen besonders groß, wenn er in einem Unternehmen anhand von kapitalbasierten Kennzahlen wie dem ROCE (Return of Capital Employed) gemessen wird, weil Dienstleistungen meistens weniger Kapitaleinsatz als Sachgüter erfordern. Drittens versprechen Dienstleistungen einen stetigen Erlösstrom, wohingegen das Geschäft mit hochwertigen Sachgütern in B2B-Märkten durch Zyklizität gekennzeichnet ist. Viertens wird davon ausgegangen, dass Dienstleistungen schwieriger zu kopieren sind und deshalb mehr Schutz vor Wettbewerb bieten.

Häufig sind diese Erwartungen jedoch an ein Dienstleistungsverständnis geknüpft, das in unserem Zusammenhang zu eng gefasst ist. Im Hinblick auf die attraktiven Margen entsteht ein Trugbild durch die einseitige Fokussierung auf jene Dienstleistungen, die tatsächlich hoch profitabel sind. Die Rede ist vom Geschäft mit Reparatur- und Wartungsdiensten. Die damit erwirtschafteten Gewinne können so bedeutend werden, dass ein Anbieter seine Sachgüter nur noch als unprofitablen Weg zu den profitablen After-Sales-Services sieht. Wie im dritten Kapitel beschrieben, ist die Nachhaltigkeit eines solchen Geschäftsmodells fraglich. Zudem zeigt das Beispiel Voith Paper, dass eine solch enge Interpretation der Dienstleistung all die Tätigkeiten ausklammert, die ohne angemessene Bezahlung erbracht werden.

Aber auch das Argument der geringen Zyklizität beruht auf einem zu engen Verständnis des herkömmlichen B2B-Dienstleistungsgeschäfts. Zwar gehen die Aufträge für Papiermaschinen und Verkehrsflugzeuge während einer Rezession zurück, wohingegen Wartungs- und Reparaturarbeiten weiterhin benötigt werden – womöglich sogar verstärkt, weil das Geld für Neuanschaffungen fehlt. Andere Dienstleistungen jedoch folgen durchaus den Konjunkturzyklen; Logistikunternehmen, Messeveranstalter und Unternehmensberater haben in der letzten Wirtschaftskrise ebenso unter rückläufigen Umsätzen ge-

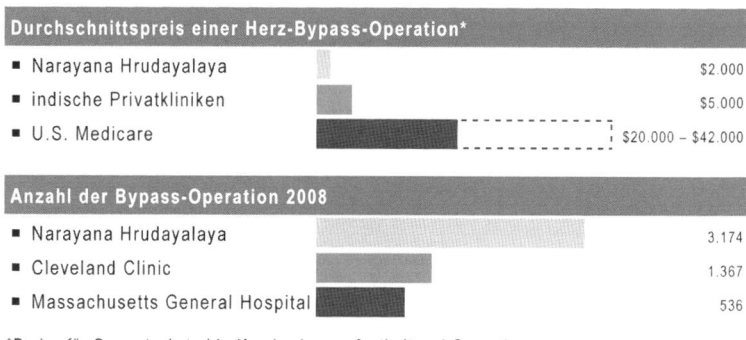

Abb. 4.3 Vergleich Narayana-Hrudayalaya-Klinik mit führenden amerikanischen Krankenhäusern. (Quelle: The Wallstreet Journal (2009). Tending to Indias Health-Care System. URL: http://online.wsj.com/article/SB125875892887958111.html [12.09.2011])

litten wie die Hersteller von Sachgütern. Wie zyklisch sie reagiert, ist also von der Art der jeweiligen Dienstleistung abhängig.

Auch bei dem vierten Argument, dass Dienstleistungen schwierig zu kopieren seien, kommt es auf die Art der Dienstleistung an. So konnten beispielsweise eine Reihe von Dienstleistungen traditioneller Groß- und Einzelhandelsunternehmen mithilfe des Internets und global tätiger Logistikkonzerne in den letzten Jahren von zahlreichen neuen Anbietern erbracht werden. Selbst technisch geprägte Dienstleistungen wie die Programmierung von Software oder Detailplanungen im Ingenieurswesen sind inzwischen so standardisiert, dass sie von neuen Wettbewerbern übernommen werden können. Auf dem Gebiet IT-basierter Services spielen indische Unternehmen inzwischen eine große Rolle; Namen wie Infosys oder TCS (Tata Consultancy Services) sind heute weit über die Grenzen ihres Landes hinaus bekannt. Ein anderes Beispiel für den Erfolg eines neuen indischen Anbieters in einem nicht-industriellen Dienstleistungsbereich ist die Narayana Hrudayalaya Health City in Bangalore, zu der inzwischen Patienten aus über 73 Ländern kommen – allein zur Behandlung in der Herzklinik. Auch hier wurden die Prinzipien des Volumengeschäfts auf hochsensible, aber relativ standardisierte Dienstleistungen übertragen (Abb. 4.3).

Während westliche Herzkliniken selten mehr als hundert bis zwei-hundert Betten haben, sind es im indischen Herzzentrum über tausend. Der Operationserfolg ist mit dem westlicher Kliniken vergleichbar, die Behandlungspreise sind jedoch deutlich geringer. Obwohl zahlreiche sozial benachteiligte Patienten nichts zahlen müssen, liegt die Profitabilität dieser indischen Klinik über dem Niveau privater amerikanischer Krankenhäuser. Deshalb werden sich westliche Kliniken in absehbarer Zeit zwar noch nicht leeren, aber das Beispiel zeigt, dass selbst in hochspezialisierten Dienstleistungsbereichen wie der Herzchirurgie mit neuen, zunehmend globalisierten Wettbewerbsstrukturen zu rechnen ist.

Am ehesten finden sich wettbewerbsgeschützte Räume noch in staatlich regulierten Bereichen wie dem Verteidigungssektor. Hohe Markteintrittsbarrieren bestehen ebenfalls, wenn Kunden sich vertraglich oder produkttechnisch an einen Anbieter gebunden haben, wie dann, wenn aus Kompatibilitätsgründen neue Upgrades desselben Softwareanbieters gekauft werden müssen. Daneben gibt es jedoch globale B2B-Dienstleistungsbereiche, die ohne solche Bindungsmechanismen auskommen, attraktive Margen aufweisen und neuen Wettbewerbern kaum Marktzugang gewähren. Beispiele sind McKinsey oder die Boston Consulting Group, die unter den Strategie-Beratern seit Jahrzehnten eine führende Rolle spielen. Beratungsunternehmen aus Asien sind auf diesem Markt komplexer Dienstleistungen bisher kaum vertreten.

In der Technologiebranche ist IBM der Pionier, der die Gefährdung des traditionellen Produktgeschäfts als Erster erkannt und den Konzern auf komplexe Dienstleistungen umgestellt hat. Das begann Anfang der neunziger Jahre, als IBM in eine wirtschaftliche Schieflage geriet und der damals neue CEO, Lou Gerstner, das Unternehmen strategisch neu ausrichtete. Bis dahin war IBM durch den Verkauf hochwertiger Großrechner und eigener Software Branchenführer gewesen. Später kamen Server und Personal Computer hinzu. 2005 wurde der Bereich Personal Computer an das chinesische Unternehmen Lenovo veräußert. Stattdessen ließ Gerstner in den IBM Global Services die komplexen Dienstleistungen ausbauen. Mit der Übernahme von Price Waterhouse Coopers 2002 rückte diese Abteilung in den Mittelpunkt der Konzernstrategie von IBM. Die innerhalb der Global Services stark gewachsene Gruppe Global Business Services (GBS) ist nach der Mitarbeiterzahl inzwischen das weltweit größte Beratungshaus mit Experten in über 160 Ländern. GBS kombiniert das Geschäfts-, Prozess- und IT-Know-how seiner Mitarbeiter für

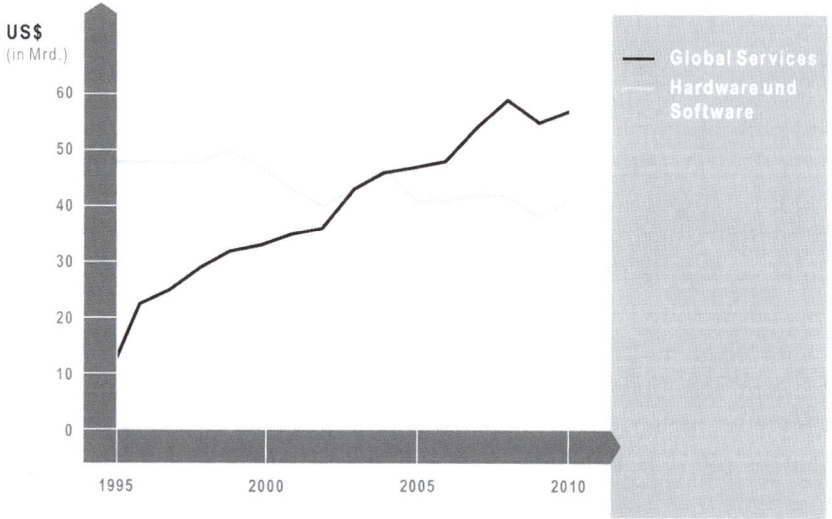

Abb. 4.4 Umsatzergebnisse IBM Global Services im Vergleich zur Hardware. (Quelle: Eigene Darstellung in Anlehnung an die IBM Geschäftsberichte)

komplexe Kundenprojekte. Um ein Beispiel für die Aufträge zu nennen: In zwei Jahren gelang es GBS, für alle deutschen BMW-Niederlassungen ein neues, IT-basiertes Verwaltungssystem zu konzipieren und einzurichten, sodass über sechstausend neu geschulte BMW-Mitarbeiter die Geschäftsprozesse anschließend effizienter und kundenfreundlicher durchführen konnten. Heute beschäftigt die IBM Global Services den Großteil der weltweit etwa 400.000 Konzernmitarbeiter und erwirtschaftet den höchsten Umsatz des Unternehmens. Die guten Ergebnisse waren auch die Grundlage dafür, dass IBM seinen Aktionären selbst im Krisenjahr 2009 eine Rekorddividende zahlen und die führende Stellung in der IT-Branche behaupten konnte (Abb. 4.4).

4.3   Das Wesen der Complex Service Solutions (CSS)

Ein System gilt als *komplex*, wenn seine Entwicklung wegen der Vielzahl und Interdependenz der Variablen nicht vorhergesagt werden kann. Diese Definition trifft auch auf die Dienstleistungen zu, mit denen wir uns hier beschäftigen. Zudem werden sie von instabilen Umweltfaktoren beeinflusst, sodass weder Verlauf noch Ergebnis exakt vorhergesagt werden kann.

Die Komplexität von CSS ergibt sich unter anderem durch die komplizierten technischen Zusammenhänge. Die Durchführung eines Quality- oder Energy-Audit durch Voith Paper erfordert die Überprüfung der mechanischen, elektrischen und elektronischen Komponenten einer Papiermaschine. Darüber hinaus spielt die Heizungs- und Klimatechnik in den Fabrikgebäuden eine Rolle, ebenso ergänzende Maschinen wie Entrindungstrommeln oder chemische Verfahren der Papierbehandlung. Durch die zahlreichen technischen Elemente und deren mögliche Ausprägungsformen ergeben sich quasi unendlich viele Möglichkeiten ihres Zusammenwirkens. Bei Voith Paper wird die Komplexität des Projekts noch dadurch verstärkt, dass neben den technischen Zusammenhängen auch deren wirtschaftliche Implikationen erkannt werden müssen. Überdies erfordern die CSS üblicherweise, dass mehrere Beteiligte in ein solches Projekt involviert sind, was ein gewisses Maß an sozialer Komplexität mit sich bringt.

Ein weiteres Merkmal der CSS liegt in ihrem hohen Individualisierungsgrad. Grundsätzlich weisen Services immer einen gewissen Grad an Kundenspezifik auf, auch weniger komplexe wie die des Taxifahrers, der seinen Fahrgast zu dem angegebenen Ort bringt, des Friseurs, der nach Kundenwunsch schneidet oder des Kellners, der ein vom Gast bestelltes Gericht serviert. Bei CSS ist der Grad der Individualisierung aber besonders hoch, weil eine Vielzahl von Elementen kundenspezifische Ausprägungen aufweisen. Bei den CSS-Beispielen von Voith oder IBM müssen diese ihre Lösungskonzepte auch auf zahlreiche weitere Faktoren abstimmen, etwa auf das Ausbildungsniveau der Mitarbeiter des Kunden, dessen finanzielle Möglichkeiten oder die gesetzlichen Rahmenfaktoren seines Heimatlands.

Solche Dienstleistungen sind der Kern der CSS-Projekte, doch darauf müssen sie nicht beschränkt sein. Das von IBM konzipierte Verwaltungssystem für die Niederlassungen von BMW beispielsweise umfasst ebenso standardisierte Hardware- und Software-Elemente und relativ simple Dienstleistungen wie deren Transport. Sie dienen jedoch nur der Komplettierung des Projekts. Im Mittelpunkt der Wertschöpfung stehen die Analyse des Kundenbedarfs und die Entwicklung eines auf diesen zugeschnittenen Lösungskonzepts, auf dessen Grundlage ein schwieriges kundenspezifisches Problem bewältigt werden kann. In diesen Tätigkeiten liegt für den Anbieter das Potenzial zur Schaffung nachhaltiger Wettbewerbsvorteile.

Abb. 4.5 Die drei Dimensionen der CSS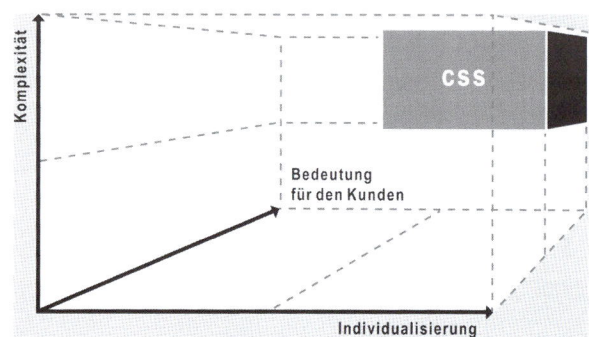

Das dritte Charakteristikum der CSS besteht in der großen Bedeutung, die ihnen seitens der Kunden beigemessen wird. Diese erwächst aus dem Ausmaß positiver oder negativer Konsequenzen, die sich für den Kunden ergeben können. Mit der erfolgreichen Umsetzung sind für ihn signifikante Vorteile verbunden, wohingegen das Misslingen zu spürbaren Nachteilen führen kann, wie dem Verlust hoher Investitionssummen, wichtiger Kunden oder wertvoller Mitarbeiter. Diese Bedeutung vergrößert die Zahlungsbereitschaft des Kunden und somit auch die Profitabilitätsmöglichkeiten des Anbieters. Zudem spielt die Vertrauenswürdigkeit eines Anbieters eine besonders wichtige Rolle. Auf diesen Punkt kommen wir später noch einmal zurück.

Zusammenfassend sind die CSS also durch hohe *Komplexität, Individualität* und *Bedeutung* gekennzeichnet, drei Elemente, die ihre Wettbewerbsposition auf technisch geprägten B2B-Märkten determinieren (Abb. 4.5).

Wenden wir uns einem der anspruchsvollsten Beispiele zu, die es zurzeit in diesem Zusammenhang gibt: Unter dem Namen *Soarian* bietet Siemens Dienstleistungen an, um die Prozesse in der Krankenversorgung qualitativ besser und effizienter zu gestalten. Steigender Kostendruck im Gesundheitswesen ebenso wie Diagnostik- und Behandlungsfehler, die allein in den USA über 50.000 Menschen jährlich das Leben kosten, haben zu dem Bedarf an Verbesserungen geführt. Ähnlich wie Voith Paper im Fall der Papiermaschinen und den abgeleiteten Beratungsprojekten nutzt Siemens für Soarian-Projekte das Know-how, das das Unternehmen im Bereich Medizintechnik seit etwa hundert Jahren durch den Bau und die Betreuung qualitativ hochwertiger medizinischer Geräte erreicht hat. Zu Soarian gehört seit 2001 auch die Entwicklung einer modularen Software, die sämtliche Leistungserbringer – also Krankenhäuser, Apotheken, Labore

vor Soarian   nach Soarian

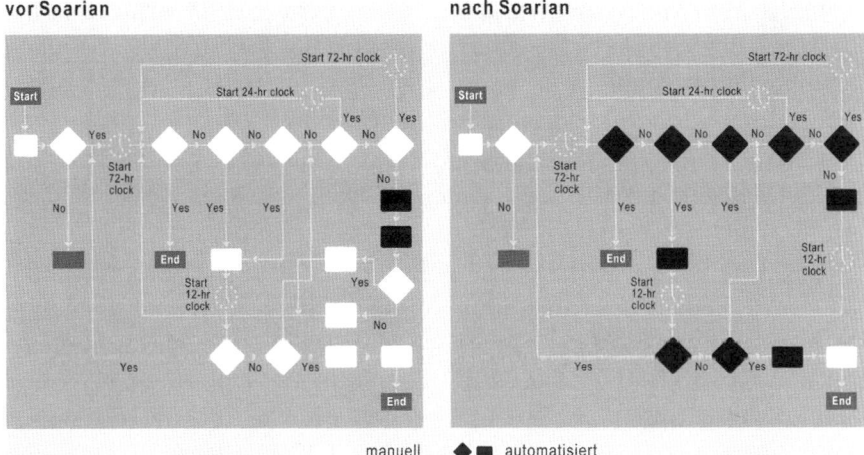

Abb. 4.6 Soarian-Workflow-Management-Tool. (Quelle: Eigene Darstellung in Anlehnung an Siemens AG)

und Arztpraxen – verbinden kann und die jeweilige Patientenbehandlung und -medikamentierung dokumentiert.

Zur Einführung dieses komplexen Systems hat Siemens Medizintechnik sich zunächst auf einzelne Krankenhäuser beziehungsweise Krankenhauskonzerne konzentriert, wie das Massachusetts General Hospital in Boston. Mithilfe von Soarian wird dessen Workflow-Management gesteuert, sowohl bei der Behandlung der Patienten als auch den internen Verwaltungsprozessen. Soarian überwacht nicht nur den Fortgang der einzelnen Arbeitsschritte, sondern macht auch auf Anomalien aufmerksam; da das System sämtliche Informationen sammelt und über eingebettete Analysetools Prozesse kontinuierlich misst und kontrolliert, entdeckt es Schwachstellen und schlägt Verbesserungsmaßnahmen vor (Abb. 4.6).

Siemens verkauft die Module der Software, doch der weitaus überwiegende Teil der Wertschöpfung liegt in der kundenspezifischen Anpassung des Systems. Das beinhaltet sowohl die Analyse der aktuellen Kundenprozesse als auch die Beratung über ihre künftige Gestaltung. Inzwischen versuchen andere Unternehmen wie Cerner und General Electric den Markt von Soarian anzugreifen. Neue Anbieter aus den Entwicklungs- und Schwellenländern sind dagegen noch nicht in der Lage, auf diesem jungen Markt eine führende Rolle zu spielen, trotz des großen Potenzials an Software-Entwicklern in diesen Ländern.

Siemens Healthcare hingegen hat 2011 bereits 130 Krankenhauskonzerne beziehungsweise 320 Krankenhäuser für Soarian gewinnen
können. Schwerpunkt war bisher die USA, weiteres starkes Wachstum ist aber auch in anderen Ländern geplant.

Weniger umfassend, aber sehr erfolgreich sind auch die CSS, die
der TÜV Rheinland für den Bau und Betrieb von Kraftwerken anbietet. Historisch gesehen hat sich dieses Unternehmen in Deutschland
vor mehr als hundert Jahren aus dem Bedarf für Sicherheitsprüfungen
entwickelt, wobei jahrzehntelang die staatlich geforderte regelmäßige
Prüfung von Kraftfahrzeugen im Vordergrund stand. Mit der zunehmenden Deregulierung dieses Marktes konnten sich dort eine Reihe
neuer Konkurrenten etablieren, zumal es sich bei der Fahrzeugprü-
fung um wenig komplexe Tätigkeiten handelt. Wegen des steigenden
Wettbewerbs nach der Deregulierung baute TÜV Rheinland andere
Geschäftsbereiche aus; unter anderem wurde das Angebotsportfolio
in der Kraftwerksbranche erweitert. Statt hier lediglich die Sicher-
heitsprüfung einzelner Aggregate zu übernehmen, entwickelte sich
der TÜV Rheinland zu einem Anbieter komplexer Systemlösungen.
Heute berät der TÜV Rheinland seine Kunden bei der Planung und
Dimensionierung eines neuen Kraftwerkbaus, übernimmt Kernberei-
che des Antragswesens, überwacht die Bautätigkeiten und die Inbe-
triebnahme eines Kraftwerks, gibt Empfehlungen zur ökonomischen
und ökologischen Effizienzverbesserung und hilft bei der Abwicklung
eines Werks. Ein weiterer Ausbau der CSS in der Kraftwerksbranche,
in die inzwischen etwa dreihundert Spezialisten des TÜV Rheinland
involviert sind, ist geplant; nicht nur, weil die Nachfrage nach diesen
Dienstleistungen weltweit steigt, sondern auch, weil deren Profitabilität im Vergleich zu anderen Geschäftsbereichen des Unternehmens
überdurchschnittlich ist.

Ein weiteres Beispiel für die Entwicklung der CSS liefert Astrium,
eine Tochtergesellschaft des schon erwähnten EADS-Konzerns, dem
nach Boeing zweitgrößten Luft- und Raumfahrtunternehmen weltweit. Seit über vierzig Jahren produziert und verkauft Astrium unter
mehrfach wechselndem Namen Satelliten, deren größte Abnehmer
bislang Militärkunden sind. Unter anderem handelt es sich um Satelliten, die mittels Radarstrahlen die Erdoberfläche untersuchen und so
millimetergenaue Höhenveränderungen wie Reifenspuren auf Sand-
böden erfassen können. Die Relevanz solcher Informationen ergibt

sich für militärische Kunden dann, wenn andere Satelliten, die mit Foto-Technologie arbeiten, bei bewölktem Himmel oder in der Nacht keine aussagekräftigen Bilder liefern können. EADS erkannte, dass Radar-Satelliten auch für andere Institutionen wertvolle Erkenntnisse liefern können. Unter anderem können Bergbauunternehmen mithilfe der Satellitenbilder feststellen, ob und wo sich in ihrem Gebiet der Erdboden abgesenkt hat; Umweltverbände können erfahren, wo sich Ölteppiche über die Meeresoberfläche ziehen; Landwirtschaftsbehörden Informationen abrufen, die ihnen zeigen, wie sich in welchen Gegenden das Pflanzenwachstum entwickelt; und Eisenbahnunternehmen, ob und wo Hindernisse auf den Gleisen liegen. Allerdings kommt der Kauf eines eigenen Satelliten für keine dieser Einrichtungen in Frage. Deswegen entschloss EADS sich, einen Unternehmensbereich namens Infoterra zu gründen, der die exklusiven Nutzungsrechte des 2007 gestarteten deutschen Radarsatelliten TerraSar-X besitzt und die Aufnahmen vermarktet. Anders als die Aufnahmen der Fotosatelliten sind die der Radarsatelliten für Laien nicht ohne Weiteres aussagefähig, sondern müssen entschlüsselt werden. Insofern muss Infoterra mit seinen Kunden zunächst deren Informationsbedarf definieren, die komplizierten Übermittlungs- und Umwandlungsprozesse der Radardaten übernehmen und die Informationsmengen anschließend so aufbereiten, dass sie für die Kunden verständlich und entscheidungsrelevant sind (Abb. 4.7).

Die Beispiele von Voith Paper, IBM, Siemens Medizintechnik und EADS haben gemeinsam, dass diese Unternehmen die führende Position in ihrer Branche zunächst durch die Entwicklung innovativer Advanced Premium Goods erreicht haben. Diese Produkte wurden zwar im Laufe der Jahre immer weiter verbessert, doch zu herausragenden Innovationen ist es nicht mehr gekommen. Während der Lebenszyklus dieser Produkte in die Reifephase kam, wurde anschließend der ökonomische Erfolg des Unternehmens durch zunehmende Kundenbindung mit relativ simplen After-Sales-Services erreicht.

Insofern können wir die CSS in diesen Branchen auch als dritte Geschäftsmodellwelle betrachten. Dies bedeutet, dass kundenspezifische Lösungen entwickelt werden, die über die Funktion eines technischen Produktes weit hinausgehen. Wettbewerbsstrategisch verfolgen die Anbieter hier weiterhin den Ansatz qualitativer Differenzierung, doch die vermarkteten Leistungen ändern sich.

Abb. 4.7 a Satelliten-
bild, **b** entschlüsseltes
Radarsatellitenfoto von
Hongkong. (Quelle:
NASA. URL: http://
landsat.gsfc.nasa.gov/
[20.06.2011])

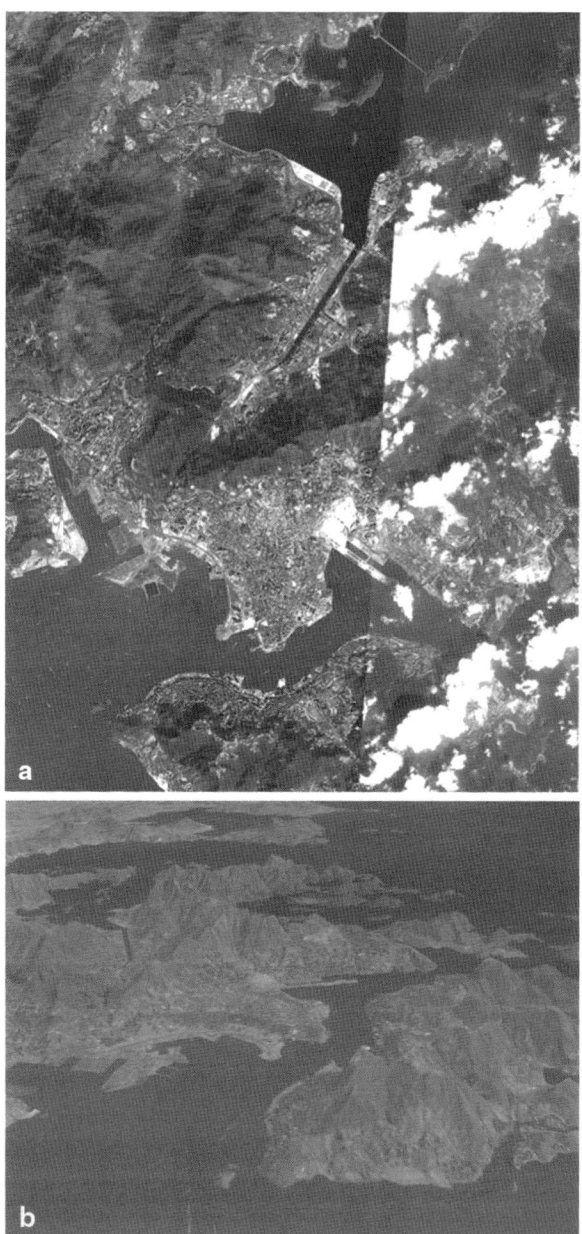

Der Übergang zu CSS-Geschäftsmodellen ist schwierig und muss
nicht immer gelingen. So hat beispielsweise auch Siemens, kurz nach
IBM, mit Siemens Business Services (SBS) einen Bereich gegründet,
der das Service-Geschäft in der IT-Industrie gleichermaßen ausbauen

sollte. Zwar konnte der Umsatz in nur sechs Jahren von 400 Mio auf acht Mrd. Euro gesteigert werden, aber die Profitabilitätsziele des Zentralvorstands konnte SBS nicht erreichen und hinkte trotz des vergleichbaren Service-Angebots hinter den Ergebnissen der IBM Global Business Services her. Deswegen stellte man die Vermarktungsaktivitäten von SBS 2005 weitgehend ein und nutzte den Unternehmensbereich größtenteils nur noch als Siemens-internen Dienstleister. 2010 wurden große Teile an Atos Origin verkauft. Auf der Basis dieses und anderer Beispiele sollen im Folgenden Voraussetzungen und Maßnahmen erörtert werden, wie Misserfolge vermieden und Erfolge bei Vermarktung der CSS erzielt werden können.

4.4 Wissen als Geschäftsbasis

Wenn Voith Paper seine Kunden über effizientere Papiermaschinen berät, ist fachliches Know-how unter anderem aus so unterschiedlichen Gebieten gefragt wie der Mess- und Regelungstechnik, Steuerungselektronik, Thermodynamik und Informationstechnologie. Darüber hinaus muss Voith Paper nicht nur den Ist-Zustand der Herstellungsbedingungen des Kunden erfassen, sondern auch Alternativen vorschlagen können. Dabei lassen die permanenten Entwicklungen in den jeweiligen Bereichen die Vielfalt technischer Lösungsoptionen größer werden. Allein für die Walzen der Maschinen können je nach Anwendungszweck Stahl, Aluminium, Karbon oder neu entwickelte Kunststoffe verwendet werden. Es können Leit-, Saug- oder Presswalzen sein, die in unterschiedlichen Größen eingesetzt werden. Voith Paper muss mit den Unterschieden bei Produktqualität, Haltbarkeit oder Energieverbrauch vertraut sein und einschätzen können, welche Walzenmodelle am geeignetsten sind. Neben dem Wissen über technische Einzelelemente muss Voith Paper deren Zusammenwirken kennen. Dem Kundenberater muss beispielsweise klar sein, dass es zum Abriss des Papiers und kostspieligen Stop der Produktionsanlage kommen kann, wenn bestimmte Verunreinigungen der Einsatzstoffe die chemischen Prozesse stören, und dass dies anhand des pH-Wertes der Materialien vorher erkannt werden kann. Dieses Prozesswissen konnten die Anbieter technischer Produkte in der Vergangenheit dadurch ausbauen, dass sie ihre Geschäftsmodelle in der zweiten Welle

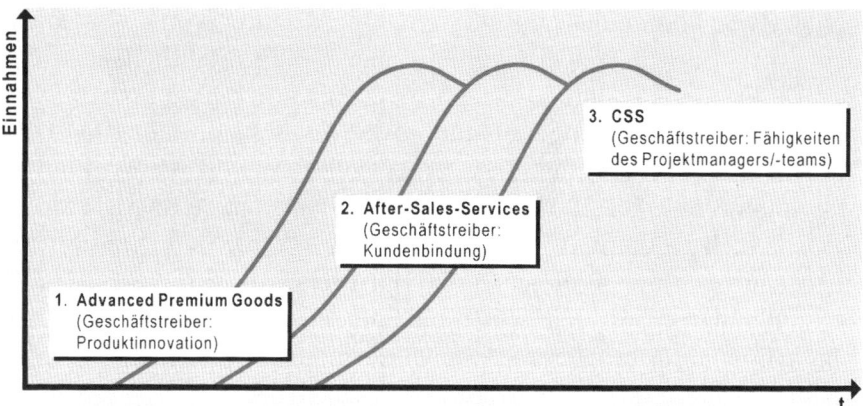

Abb. 4.8 Die Entwicklung der drei Geschäftsmodellwellen in Technologie-Unternehmen

(s. Abb. 4.8) stärker auf die After-Sales-Aktivitäten ausgerichtet haben. Auf diese Weise gewannen ihre Service-Abteilungen wertvolle Einblicke in die Abläufe bei unterschiedlichen Kundenunternehmen und konnten unternehmensübergreifende Heuristiken entwickeln, die einen wichtigen Wissensvorsprung gegenüber einem einzelnen Kundenunternehmen darstellen.

Die CSS-Anbieter müssen, wie schon gesagt, unter anderem über kaufmännisches Wissen verfügen, bei Kosten und Erlösen sowohl die Ausgangssituation als auch das Ziel des Kunden erfassen und die eigene Dienstleistung aus ökonomischen Gesichtspunkten bewerten können. Selbst den Einfluss der CSS auf Personalwesen, Finanzpolitik, Strategie und andere betriebswirtschaftliche Bereiche müssen sie richtig einschätzen können. Zu diesem geschäftsbezogenen Knowhow gehören auch Kenntnisse über die Branche des Kunden. Eine Wissensbasis über die Kunden des Kunden kann auch ein guter Ausgangspunkt zum Einstieg in CSS-Märkte sein. Um nur ein Beispiel zu nennen: Microsoft bietet unter den Namen Health Vault seit 2007 eine elektronische Plattform an, auf der Nutzer eine eigene Patientenakte anlegen können. Die medizinischen Daten werden verschlüsselt gespeichert und können von dem Nutzer mithilfe eines Passworts seinen behandelnden Ärzten zur Verfügung gestellt werden. Deren Befunde können dann ebenfalls in die elektronische Krankenakte eingegeben werden. Durch die Sammlung, Systematisierung und Auswertung dieser Patienteninformationen kann Microsoft eine Datenbasis aufbauen, die für jene Unternehmen in der Gesundheitsbranche von großer Bedeutung ist, die Siemens mit Soarian ebenfalls gewinnen möchte. Das Beispiel zeigt, dass Unternehmen aus unterschiedlichen Branchen in die CSS-Märkte einsteigen können, indem sie ihr Wissen als Kernkompetenz ansehen und das fehlende Know-how aus anderen Bereichen dann ergänzen.

CSS-Anbieter brauchen auch Experten, die über das bisher Gesagte hinaus die Fähigkeit zum Projekt-Management besitzen. Alle Aspekte eines Projekts zu überblicken und Aktivitäten zu priorisieren, erfordert außer technischem Planungsvermögen eine ganzheitliche Denkweise. Zu ihr gehört die geistige Flexibilität, sowohl exakt zu planen als sich auch ständig auf unvorhergesehene Situationen einstellen zu können. Ebenso sind Kenntnisse zur Mitarbeiterführung notwendig, um die Beteiligten in allen Phasen des Projekts zu motivieren. Dabei ist zu beachten, dass der Anbieter von CSS immer auch auf die Unterstützung durch Mitarbeiter des Kundenunternehmens angewiesen, ihnen gegenüber jedoch nicht weisungsberechtigt ist. Dies spielt insbesondere in Konfliktsituationen eine Rolle, die wegen unterschiedlicher Interessensperspektiven zwischen Anbieter und Kunde auch bei guter Zusammenarbeit auftreten können. Menschenkenntnis und Verhandlungsgeschick ist für deren Bewältigung notwendig, zumal wenn die Beteiligten aus unterschiedlichen Kulturräumen stammen. Diese Aspekte des Projekt-Managements berühren dabei nicht mehr nur die Wissensbasis der Verantwortlichen, sondern bereits Fähigkeiten, die tiefer in einer Persönlichkeit verwurzelt sind.

4.5 Der Kunde als Co-Creator

Wenn ein Anbieter Leistungen mit hohem Individualisierungsgrad herstellt, muss er sich logischerweise intensiv mit dem Bedarf des Kunden auseinandersetzen. Das ist zunächst nichts Besonderes, denn selbst bei standardisierten Konsumgütern wie Joghurt oder Schokoladenriegel sind Marktforschungsabteilungen damit beschäftigt, die Wünsche der Kunden zu erfassen. Bei CSS ist die Analyse und Umsetzung der Kundenanforderungen allerdings auf die individuelle Beziehung zwischen einem Kunden und einem Anbieter ausgerichtet. In der IT-Branche spricht man diesbezüglich vom *Requirement Engi-*

neering, das in die Phasen der Anforderungserhebung, -spezifikation und -bewertung unterteilt wird. Diese Phasen überlappen sich teils, teils werden sie mehrfach durchlaufen, beispielsweise wenn sich der Bedarf eines Kunden ändert. Die Kundenanalysen der CSS basieren insofern weniger auf den im Konsumgüterbereich üblichen Marktforschungsmethoden, sondern auf einem interaktiven, rollierenden Austauschprozess mit dem Kunden. In diesem Prozess lernt der Anbieter die Anforderungen des Kunden kontinuierlich besser kennen und sollte mit ihnen am Ende ebenso vertraut sein wie die Mitarbeiter des Kunden. Der Kunde wiederum wird unterdessen sein Wissen über die Möglichkeiten technischer Problemlösungen erweitern. Zu guter Letzt wird daraus eine Basis, auf der Anbieter und Kunde den Erfolg der CSS gemeinsam vorantreiben können und im Idealfall eine Ebene schaffen, auf der die klassische Konfliktsituation zwischen Kunde und Lieferant im Hintergrund steht.

Für den Anbieter der CSS beginnt der Austausch mit dem Kunden bereits in der Akquisitionsphase und ist mit dessen Kaufentscheidung noch längst nicht abgeschlossen. Die Individualität der Dienstleistungen bewirkt, dass der Kunde in den Produktionsprozess involviert ist und durch seine Mitwirkung selbst zum Produktionsfaktor wird. Dies gilt zwar auch für die oben erwähnten simplen Dienstleistungen wie die Taxifahrt, den Friseur- oder Restaurantbesuch, die ebenfalls nur unter Mitwirkung der Kunden produziert werden können. Bei den CSS ist der Prozess der Kundenintegration jedoch langwieriger und intensiver. Das Krankenhaus, das sich für den Kauf von Soarian entscheidet, muss den Siemens-Projektverantwortlichen die aktuellen Prozesse und Ressourcenausstattung erklären, ihnen Gespräche mit Mitarbeitern ermöglichen und Zugang zu relevanten Unterlagen und IT-Systemen verschaffen, denn die Soarian-Verantwortlichen müssen die Zielsetzungen und Erwartungen des Krankenhauses bis ins Detail erfassen können.

Der Prozess der Kundenintegration hat auch in der Wissenschaft Aufmerksamkeit gefunden. Unter der Bezeichnung *Service-Dominant Logic* hat sich seit der einschlägigen Veröffentlichung von Steven L. Vargo und Robert F. Lusch im *Journal of Marketing* 2004 ein neues theoretisches Paradigma etabliert (Vargo und Lusch 2004). Statt den Verkauf von Sachgütern in den Mittelpunkt zu stellen, fokussiert sich die Marketing-Perspektive der Service-Dominant Logic auf den gesamten Wertschöpfungsprozess. Der Kunde wird als „Co-Creator of Value" gesehen, der zusammen mit dem Anbieter Wissen

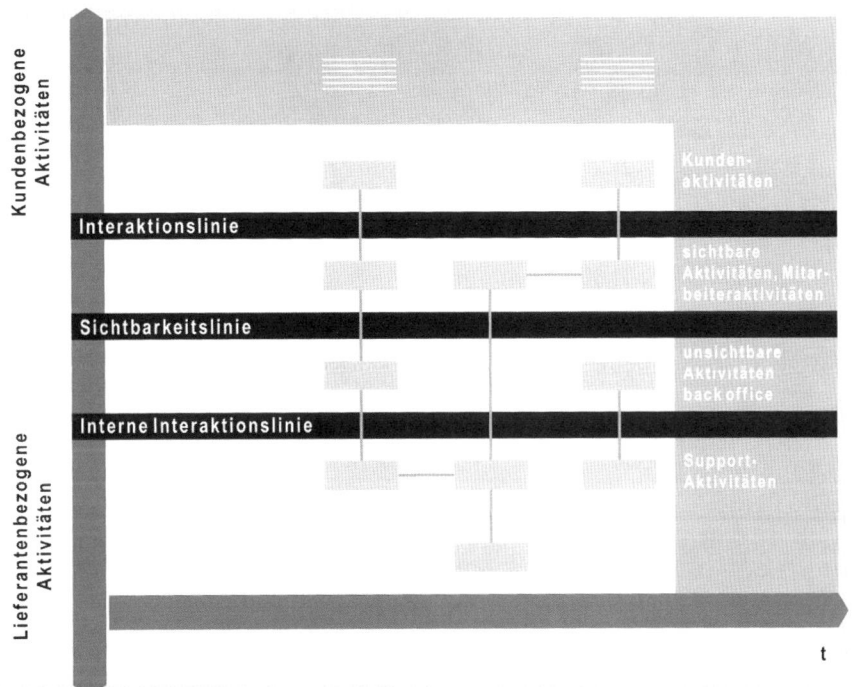

Abb. 4.9 Service-Blueprint. (Quelle: Eigene Darstellung in Anlehnung an Michael Kleinaltenkamp und Sabine Fliess (2004))

und Fähigkeiten so verknüpft, dass beiden Parteien wirtschaftliche Vorteile entstehen.

Die Strukturierung dieser Zusammenarbeit hatte bereits Lynn Shostak in den achtziger Jahren mit dem sogenannten *Service-Blueprint* erarbeitet, der 2004 vor allem von Michael Kleinaltenkamp und Sabine Fließ weiterentwickelt wurde (Kleinaltenkamp und Fliess 2004). Die Dienstleistung wird dabei in Form eines chronologischen Ablaufdiagramms dargestellt, das die Sicht des Kunden auf die Arbeitsabläufe deutlich macht. In der einfachsten Form werden die Aktivitäten bestimmten Handlungsebenen zugeordnet, die danach unterteilt sind, ob eine Interaktion mit dem Kunden stattfindet (Interaktionslinie), für ihn sichtbar ist (Sichtbarkeitslinie), und ob sie beim Anbieter interne Abstimmungsprozesse erfordert (interne Interaktionslinie). Dank einer solchen Visualisierung entsteht eine Transparenz, mit der nicht zuletzt die Erwartungen des Kunden besser gesteuert werden können (Abb. 4.9).

Um den Anforderungen an die Integration des Kunden gerecht zu werden, bedarf es Fähigkeiten, die über die oben vorgestellten Fachkompetenzen noch einmal hinausgehen. Eine besondere Rolle spielt in diesem Zusammenhang die Fähigkeit, Emotionen und Gedanken eines anderen zu erfassen. Einem Ansatz des amerikanischen Psychologen Paul Ekman folgend, sprechen wir in diesem Zusammenhang von kognitiver Empathie, die im Gegensatz zur emotionalen nicht Mitgefühl oder Mitleid mit anderen beinhaltet, sondern einen Erkenntnisprozess (Ekman 1989). Mit Hilfe kognitiver Empathie ist es dem Anbieter möglich, Problemstellungen beim Kundenunternehmen zu verstehen, auch wenn sie nicht offensichtlich sind. Natürlich gehört dazu auch Zurückhaltung, denn sobald man einen anderen versteht, kommt man ihm zwangsläufig näher, sodass Fragen der Sympathie oder Antipathie eine zunehmende Rolle spielen können. In solchen Fällen kann es sein, dass man sachlich unbegründete Zugeständnisse macht oder zu harte Entscheidungen fällt. Deshalb wird der CSS-Anbieter grundsätzlich versuchen, Verständnis für die Probleme des Kunden zu entwickeln und gleichzeitig emotionale Distanz zu wahren. Dazu gehört auch, erhaltene Informationen richtig einordnen zu können, denn nicht alles, was die Mitarbeiter des Kundenunternehmens sagen, muss der Wahrheit entsprechen.

Hand in Hand mit der Menschenkenntnis geht die Kommunikationsfähigkeit. In unserem Zusammenhang heißt das vorrangig, die richtigen Fragen stellen zu können. Das klingt trivial, ist aber bei traditionellen Technologie-Unternehmen keineswegs selbstverständlich. Schließlich geht es bei deren traditionellem Vertrieb darum, Kunden von den Vorteilen eines vorhandenen oder bereits konzipierten Produkts zu überzeugen. Fragen an den Kunden dienen in diesem Fall weniger der sachlichen Zusammenarbeit, sondern werden eher beziehungspolitisch eingesetzt, um Interesse am Unternehmen des Kunden oder seiner Person zu signalisieren.

Die kommunikativen Fähigkeiten sind außerdem erforderlich, um dem Kunden Wissen zu vermitteln und ihm das Konzept und den Prozess der Problemlösung zu erklären. Unter dem Stichwort *Consultative Selling* sind Methoden zum vertrieblichen Aspekt dieser Aufgabe beschrieben worden. Deren Kenntnis ist hilfreich, doch sie allein sind noch kein Erfolgsgarant für die Zusammenarbeit mit dem Kunden. Der CSS-Verantwortliche muss außerdem authentisch sein, denn wie jeder andere Mensch merken auch Kunden, wenn ihnen etwas vorgespielt wird. Gerade wegen der intensiven Zusammenarbeit erkennen sie schnell eine Bruchstelle oder Dissonanz beim Gegenüber; selbst wenn sie ihre Empfindung nicht genau fassen können, wissen sie, dass da „irgendetwas" war. Solche Irritationen können bei CSS zu einer Gefährdung der Zusammenarbeit führen, eventuell sogar zum Abbruch des Projekts.

Analytisch-kritisches Denken ist eine weitere Fähigkeit, die nicht kurzfristig erlernbar ist, über die ein CSS-Projektleiter aber verfügen muss. Er sollte den Status quo bei seinem Kunden zunächst in Frage stellen, bevor er zu dessen Verbesserung beiträgt. Wird etwa Soarian in einem Krankenhaus eingeführt, erwartet der Auftraggeber, dass bei den aktuellen Abläufen Verbesserungspotenzial identifiziert wird. Dabei kann es sich darum handeln, dass Abteilungen die gleichen Patienteninformationen erheben oder die Ausgabe von Medikamenten ungenügend dokumentiert wird. Die kritische Analyse des Bestehenden verlangt intellektuelle Unabhängigkeit und Selbstbewusstsein, vor allem, wenn Kunden auf Vorschläge zur Änderung des Status quo widerwillig reagieren. Leitende Ärzte beispielsweise könnten sich bei der Einführung von Soarian durch die höhere Prozesstransparenz bedroht fühlen, denn auch Behandlungsfehler werden mit dem System ersichtlich.

Die Fähigkeit zum kritischen Denken muss auf Seiten des Anbieters noch ergänzt werden durch Kreativität bei der Entwicklung von Lösungskonzepten, denn die Komplexität und Individualität der Problemstellungen bei CSS-Projekten bedingt, dass keine Lösung einer anderen gleicht. Mal können zwar bekannte Lösungselemente kombiniert werden, aber dann müssen wieder Ansätze erarbeitet werden, die außerhalb bekannter Denkrahmen liegen. Der Kreativitätstest in der obigen Abbildung, den die meisten von uns kennen, aber nicht alle im ersten Anlauf bewältigt haben, verdeutlicht die Herausforderung recht gut (Abb. 4.10).

4.6   Das Vertrauen des Kunden

Die Vertrauenswürdigkeit des Anbieters ist bei der Vermarktung der CSS einer der wesentlichsten Erfolgsfaktoren. Ihre Bedeutung beruht auf dem Risiko, das für den Kunden mit der Kaufentscheidung ver-

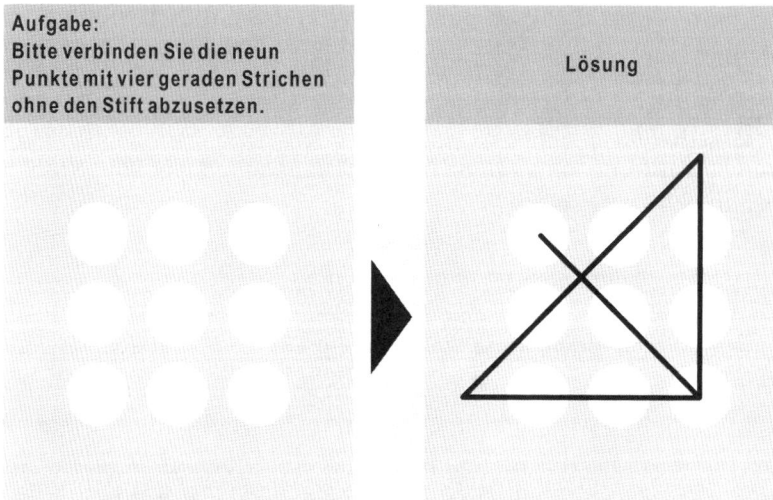

Abb. 4.10 Kreativitätstest

bunden ist. Dieses Risiko wiederum resultiert erstens daraus, dass die Dienstleistung vor dem Kauf nicht geprüft werden kann. Da für ihre Erbringung Anbieter und Kunde zusammenarbeiten müssen, kann der Kunde die Qualität der Dienstleistung auch nicht überprüfen, bevor er sich für einen bestimmten Anbieter entschieden hat. Selbst wenn sie erbracht worden ist, kann der Kunde die Leistung des Anbieters nur schwerlich bewerten, denn angesichts der Komplexität des Projekts und der Vielschichtigkeit der Zusammenarbeit lässt sich kaum nachvollziehen, welche Partei welchen Beitrag erbracht hat.

Zweitens basiert das Risiko auf der hohen Bedeutung der CSS für den Kunden beziehungsweise den möglichen Auswirkungen, die mit ihrem Misslingen verbunden sind. Je mehr für den Kunden auf dem Spiel steht, je mehr er zu verlieren hat, desto höher empfindet er sein Risiko. Für den Anbieter wiederum erhöht sich die Wahrscheinlichkeit, CSS erfolgreich zu vermarkten dann, wenn er dieses Risiko in den Augen des Kunden reduziert. Aus der in den sechziger Jahren von Raymond Bauer entwickelten Theorie des wahrgenommenen Risikos lassen sich in dem Zusammenhang zwei grundsätzliche Möglichkeiten ableiten: Der Anbieter kann die Konsequenzen im Fall unerfüllter Versprechen reduzieren. Wenn ein Kunde beispielsweise ein Risiko hinsichtlich eines Fertigstellungstermins empfindet, können ihm hohe Pönalzahlungen angeboten werden; falls der Termin nicht eingehalten

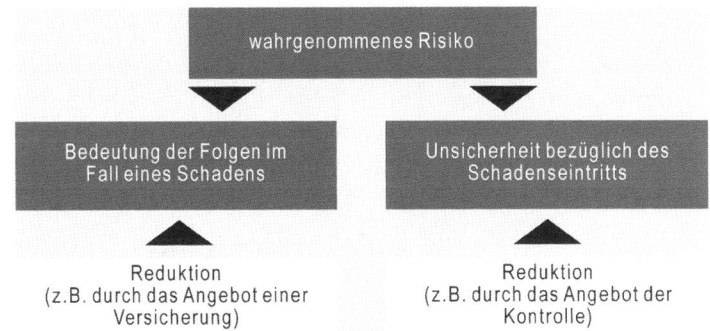

Abb. 4.11 Theorie des wahrgenommenen Risikos

wird, ist für ihn das Ausmaß der Konsequenzen damit geringer. Allerdings wird das Risiko in diesem Fall auf den Anbieter verschoben. Deshalb wird dieser eine andere Möglichkeit vorziehen, nämlich die, dem Kunden die Angst davor zu nehmen, dass ein negatives Ereignis beziehungsweise eine Nicht-Einhaltung eines Versprechens überhaupt stattfindet. An dieser Stelle kommt der Vertrauenswürdigkeit des Anbieters eine zentrale Rolle zu (Abb. 4.11).

Das Vertrauen des Kunden kann sich auf das Unternehmen als Ganzes oder individuell auf einen oder mehrere Mitarbeiter des Anbieters beziehen. Im ersten Fall ist die Vertrauenswürdigkeit eng an das Image der Unternehmensmarke gekoppelt. Die Tradition und das Image namhafter Technologie-Unternehmen wie IBM, Siemens oder General Electric bieten eine gute Voraussetzung, die Unternehmensmarke der Advanced Premium Goods auch für die CSS zu nutzen. Und doch wird es letztlich das Vertrauensverhältnis zwischen dem Kunden und den verantwortlichen Mitarbeitern des Anbieters sein, das beim Kauf der CSS ausschlaggebend ist. Gerade wegen der fehlenden Kontrollmöglichkeiten muss der Kunde von dem Engagement und der Integrität der Beteiligten überzeugt sein. Insbesondere dem Leiter eines CSS-Projekts muss er dahingehend vertrauen, dass dieser sich dem Projekterfolg verpflichtet fühlt und sich davon auch nicht abbringen lässt, wenn er von anderen – das können auch die Mitarbeiter des Kundenunternehmens sein – unter Druck gesetzt wird. Ebenso muss der Kunde davon überzeugt sein, dass die Vertreter des Anbieters mit den Interna seines Unternehmens vertraulich umgehen, erst recht, falls sie später in Projekte von Wettbewerbern, Abnehmern oder Lieferanten des Kunden involviert sein sollten.

Grundsätzlich stellt Vertrauen immer eine Erwartung an das Verhalten desjenigen dar, dem Vertrauen entgegengebracht wird. Dabei wird davon ausgegangen, dass dieser in bestimmten Situationen nicht zum Schaden des Vertrauenden agieren wird. In der Wissenschaft wird diesbezüglich von *Hidden Action* oder *Moral Hazard* gesprochen. Es wurde dort auch eine Reihe von Überlegungen und Untersuchungen darüber angestellt, wie sich in einer Anbieter-Kunden-Beziehung Vertrauen aufbauen kann:

1. Soziale Ähnlichkeit der Beteiligten ist einer Vertrauensbildung zuträglich. Für Mitarbeiter des Anbieters sollte diese Erkenntnis allerdings keine Aufforderung sein, sich auf Kosten der eigenen Authentizität projektbezogen den Werten und Einstellungen der Kunden anzupassen. Jedoch kann im Rahmen der Personalauswahl für CSS-Projekte der Aspekt sozialer Ähnlichkeit berücksichtigt werden, indem sich beispielsweise ein Anbieter mit internationalem Kundenkreis verstärkt um einen internationalen Mitarbeiterkreis bemüht und bei der Zusammenstellung der CSS-Projektteams Mitglieder aussucht, die zum sozialen und kulturellen Milieu des Kunden passen.

2. Reziprozität wirkt vertrauensfördernd. Eine Partei vertraut einer anderen demnach eher, wenn sie spürt, dass ihr selbst Vertrauen entgegengebracht wird. Experimente im Rahmen der Spieltheorie haben gezeigt, dass Vertrauen bekommt, wer Vertrauen gibt. Prinzipielles Misstrauen hingegen führt bei Beziehungen in eine Sackgasse. Wenn Kunden hohe Risiken fürchten, kann es für einen Anbieter deswegen sinnvoll sein, die eigenen Vorteile mit den Risiken des Kunden zu verknüpfen. Bei den Strategieberatern hat Bain & Company, ein Spin-off der Boston Consulting Group, auf die Weise in relativ kurzer Zeit eine überraschend hohe Akzeptanz im Markt erreicht; das Unternehmen hat die Beraterhonorare an die Verbesserung der ökonomischen Kennzahlen der Mandanten gekoppelt und sich dergestalt vom Unternehmenserfolg des Kunden abhängig gemacht, wohingegen die Wettbewerber ihre Leistungen nach Tagessätzen abrechneten.

3. Konsistenz stärkt Vertrauen. Das bedeutet, das Verhalten des Anbieters muss beständig und somit vorhersehbar sein. Je häufiger der Anbieter seine Vertrauenswürdigkeit bewiesen hat, desto konsistenter wird sein Bild und davon ausgegangen, dass er sich auch

bei einem nächsten Projekt vertrauenswürdig verhalten wird. Solche Erfahrungen werden im Rahmen langer Geschäftsbeziehungen gewonnen. Gebrochenen Versprechen kommt in diesem Zusammenhang eine besondere Bedeutung zu. Vor allem im Akquisitionsprozess spielt das eine Rolle, wenn leichtfertig Zusagen gemacht werden, nur um den Auftrag zu gewinnen. Versprechen nicht einzuhalten ist immer problematisch, aber bei den CSS können so entstandene Reputationsschäden schnell existenzgefährdend werden. Vertrauen ist fragil. Ein einziger Verstoß kann dazu führen, dass etwas über lange Zeit Aufgebautes in kürzester Zeit zerstört wird. Soziale Ähnlichkeit, Reziprozität und Konsistenz im Verhalten gelten in allen Kulturen als vertrauensfördernd, doch die Wirkung einzelner Ausprägungen ist unterschiedlich. Diese Unterschiede müssen berücksichtigt werden, wenn die in ein CSS-Projekt involvierten Personen aus verschiedenen Kulturkreisen stammen; sie erfordern eine offene und respektvolle Haltung anderen Kulturen gegenüber.

4.7   Das Ende des Vertriebs

Aus der Rolle, die Vertrauensverhältnisse bei den CSS spielen, ergeben sich organisationale Konsequenzen. Ein wichtiger Aspekt ist dabei die Trennung von Vertrieb und Produktion, wie sie in den meisten Technologie-Unternehmen üblich ist. Im Hinblick auf die CSS ist eine solche Trennung wenig sinnvoll. Denn sollte sich ein Kunde entschlossen haben, sie von einem bestimmten Anbieter zu kaufen, wird er Vertrauen zu jenen Mitarbeitern des Anbieters gefasst haben, mit denen er im Laufe des Entscheidungsprozesses zu tun hatte. Bei ihnen fühlt er sich in guten Händen und wird enttäuscht sein, wenn dieselben Personen nach der Kaufentscheidung nicht in die Umsetzung des Projektes eingebunden sind. Bei den Advanced Premium Goods dagegen wird von den Vertriebsverantwortlichen nicht einmal die Kenntnis des Produktionsprozesses erwartet. Der Verkäufer eines LKW weiß üblicherweise weder, wo die einzelnen Teile beschafft werden noch, wann die Motormontage stattfindet oder nach welchem Verfahren der Lack aufgetragen wird. Bei den erfolgreichen Strategieberatern wie McKinsey und Boston Consulting Group hingegen übernimmt der Partner, der für die Akquisition eines Projekts zuständig ist,

Abb. 4.12 Schwerpunktverschiebungen im klassischen Vertrieb

auch dessen Umsetzung. Das heißt nicht, dass er alles alleine macht, sondern für das Projekt verantwortlich ist und das Projektteam leitet.

Insofern sollten die Leiter von CSS-Projekten sowohl akquirieren als auch die Verantwortung für die erfolgreiche Umsetzung ihres Produkts übernehmen. Damit tut man sich in traditionellen Technologie-Unternehmen noch schwer. Marketing und Vertrieb sind dort oft noch weniger anerkannt als Aufgaben in Forschung und Entwicklung oder der Produktion. Hier ist ein Umdenken erforderlich. Dabei kann es nützlich sein, noch einmal einen Blick auf die Organisationsstrukturen von Strategieberatungen zu werfen, bei denen die Übernahme von Vertriebsverantwortung nur den hierarchisch höchsten und am besten bezahlten Mitarbeitern zusteht.

Dazu gehört übrigens auch, die traditionelle Rolle des Vertriebs bei jenen simplen Standardelementen in Frage zu stellen, die den Kern der Wertschöpfung bei CSS komplettieren. Gerade in späteren Phasen der Zusammenarbeit ist eine persönliche Kundenbetreuung durch Vertriebsmitarbeiter des Anbieters hier nicht mehr notwendig. Stattdessen können diese Kaufprozesse zunehmend durch E-Business-Plattformen automatisiert werden und so Kosteneinsparungen auf Kunden- wie Anbieterseite bewirken. Insgesamt bewegt sich der traditionelle Vertriebsansatz eines Technologie-Unternehmens also einerseits in Richtung IT-getriebener Automatisierung und andererseits hin zum anspruchsvollen Consulting (Abb. 4.12).

4.8   Hohe Anforderungen an Human Resources

Bisher wurde deutlich, dass der Erfolg auf CSS-Märkten für einen Anbieter in erster Linie von seinen Mitarbeitern abhängt. Gerade im Hinblick auf die Rolle des Projektleiters ist ein äußerst anspruchs-

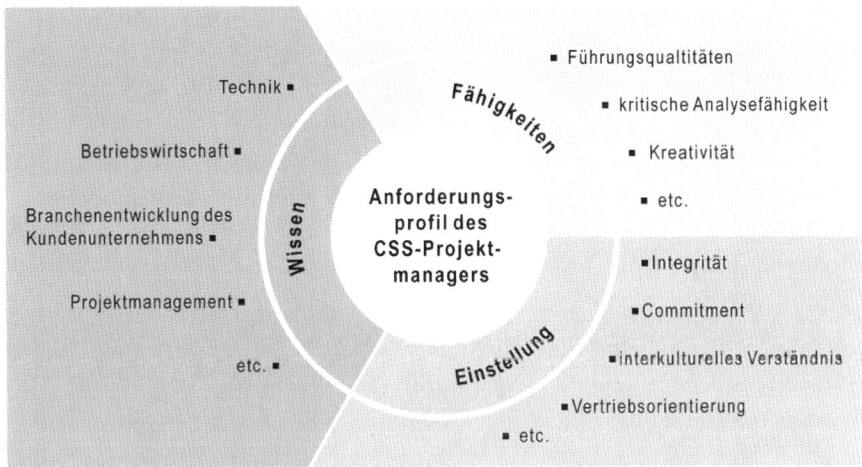

Abb. 4.13 Anforderungsprofil des Leiters eines CSS-Projekts

volles Anforderungsprofil entstanden. Fasst man nur die wichtigsten Punkte zusammen, muss er über umfassendes Wissen verfügen, das auf hoher technischer Kompetenz basiert und durch Kenntnisse der Betriebswirtschaft, des Projekt-Managements und der Branche des Kunden zu ergänzen ist. Weiterhin muss er Führungsqualitäten und kognitive Empathie besitzen, kritisch denken können und sich durch Kreativität und Kommunikationsstärke auszeichnen. Zudem werden eine integre und engagierte Haltung sowie interkulturelle Sensibilität erwartet. Schließlich muss er auch noch vertriebsorientiert sein und die geschäftlichen Interessen des Anbieterunternehmens im Auge behalten (Abb. 4.13).

Natürlich ist es schwierig, die seltenen Mitarbeiter zu finden, die einem solchen Anforderungsprofil entsprechen. Der Aufbau ihrer Wissensbasis verlangt eine lange Berufsausbildung, die etwa ein naturwissenschaftliches Studium und einen MBA umfasst, und zudem mehrjährige Berufserfahrung. Fähigkeiten wie Kreativität und kritisches Denken lassen sich in der Berufspraxis weniger erlernen, im Glücksfall sind sie in der Kindheit angelegt und in Schulzeit und Studium vertieft worden. Das gilt in noch stärkerem Maße für ethische Werte wie Integrität und interkulturelle Sensibilität, die weniger auf der kognitiven als der charakterlichen und milieubedingten Ebene eines Menschen liegen.

Wissenslücken Einzelner können durch die entsprechende Zusammenstellung des Projektteams kompensiert werden, bei denen sich die Kompetenzen der Teammitglieder ergänzen. Eine solche Komplementarität ist jedoch nicht für alle Dimensionen des CSS-Anforderungsprofils ratsam. So ist bei ethischen Aspekten auf eine hohe Übereinstimmung im Projektteam zu achten, denn es sollte beispielsweise kein unterschiedliches Verständnis über den vertrauensvollen Umgang mit Kundendaten geben. Insofern ist die Zusammenstellung solcher Projektteams keine triviale Aufgabe. Aus HR-Perspektive verlangt sie, zunächst die erforderlichen Eigenschaften zu definieren und sich dann einen Überblick über deren Vorhandensein bei den Mitarbeitern zu verschaffen.

Weil einige Fähigkeiten vor der Berufszeit ausgebildet werden, sollten sie bereits bei der Einstellung von Mitarbeitern eine Rolle spielen. Darüber hinaus muss vor allem eine Unternehmenskultur etabliert werden, die auf die Stärkung der restlichen Qualifikationen zielt. So etwas kann an Beförderungs- und Entlohnungssystemen sowie an Weiterbildungsangeboten abgelesen werden. Eine Unternehmenskultur, die hilft, Mitarbeiter mit geeignetem Profil zu rekrutieren und langfristig zu binden, kann für Unternehmen ein nachhaltiger Vorteil gegenüber Wettbewerbern sein, denn eine derartige Kultur ist nur selten zu kopieren. Sie kann auch nicht durch das Abwerben von einem oder zwei ihrer Vertreter importiert werden. Siemens tickt anders als Apple, Volkswagen anders als Tata, und keines der Unternehmen kann sich von heute auf morgen ändern. Es sei denn, die Unternehmensführung wäre zu radikalen Maßnahmen bereit, wie IBM in den Jahren 1993/1994, als während der Richtungsänderung vom Hardware- zum Service-Geschäft 36.000 Mitarbeitern gekündigt wurde. An ihrer Stelle wurden die damals notwendigen CSS-Experten eingestellt. Im Fall IBM ist die Umstellung geglückt, zumindest der wirtschaftliche Erfolg gab IBM seinerzeit Recht. Die Siemens-Business-Services (SBS) hingegen, die das Personal aus Konzernerwägungen großteils aus dem verlustreichen IT-Gerätehersteller Siemens-Nixdorf rekrutieren musste, konnte personalpolitisch nicht so radikal agieren. Der Versuch, die übernommenen Mitarbeiter in Richtung CSS zu entwickeln, scheiterte weitgehend.

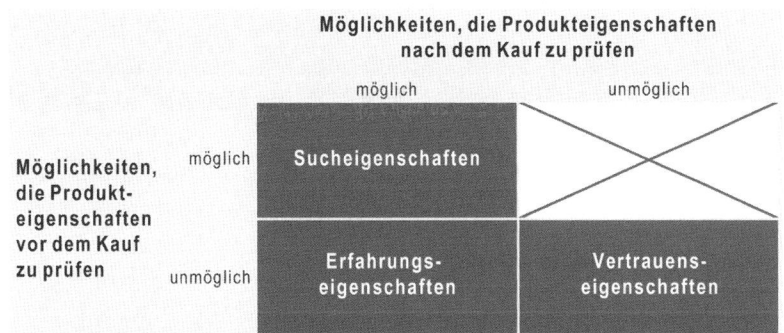

Abb. 4.14 Kategorien der Produktprüfung. (Quelle: Eigene Darstellung in Anlehnung an Phillip Nelson, Michael Darby, and Edi Karni)

4.9 Mitarbeiter als Werbebotschaft

Ein weiterer Unterschied zwischen den Advanced Premium Goods und CSS liegt in der Marketing-Kommunikation. Bei den Ersteren stehen üblicherweise die Produkte im Vordergrund. Die Leistungsdaten einer Werkzeugmaschine, eines LKW oder einer Gasturbine werden in Broschüren aufgelistet und auf Messen vorgestellt. Sie sind der Ausgangspunkt für weiterführende Verkaufsgespräche, in denen die Details des Produkts ausführlich erklärt werden. Bei den CSS gibt es hingegen kein sichtbares Produkt, das in Szene gesetzt werden kann. Daran wird erst nach der Kaufentscheidung gearbeitet, und selbst, wenn der Anbieter seine Dienstleistung erbracht hat, ist sie wegen ihrer fehlenden Gegenständlichkeit weder in einer Broschüre noch im Internet oder auf Messen abbildbar. Folglich müssen für CSS andere inhaltliche Schwerpunkte gefunden werden.

Ein diesbezüglicher Ansatz wurde im Rahmen der Neuen Institutionenökonomik entwickelt. Ausgangspunkt ist die Annahme, dass Nachfrager ihre Unsicherheit bei Transaktionen durch Informationen über die Produkteigenschaften zu reduzieren suchen. Produkteigenschaften wiederum werden danach unterschieden, ob sie vor oder nach der Kaufentscheidung überprüft werden können, beziehungsweise ob der Aufwand so hoch ist, dass eine Überprüfung nicht sinnvoll ist. Daraus ergibt sich eine Matrixstruktur mit folgenden Kriterien (Abb. 4.14):

Sucheigenschaften können *vor* dem Kauf überprüft werden. Erwirbt man beispielsweise bei einem Autohändler einen Jahreswagen, kann der Käufer sich ein Bild über Eigenschaften wie Kofferraumgröße, Kilometerstand, Farbe und so weiter verschaffen. Die Güte der *Erfahrungseigenschaften* können wir dagegen erst *nach* dem Kauf kontrollieren. Erst hinterher kann ein Käufer sagen, wie reparaturanfällig der gekaufte Jahreswagen war oder wie viel Öl er verbraucht hat. Solche Möglichkeiten bestehen bei den *Vertrauenseigenschaften* eines Produkts nicht. Das Airbag-System beispielsweise hat ein Kunde, wenn er das Auto nach einigen Jahren wieder verkauft, üblicherweise nicht überprüft – er hat dafür Geld ausgegeben und auf sein Funktionieren lediglich vertraut. Ebenso vertraut der Soarian-Kunde darauf, dass die Prozessabläufe in seinem Krankenhaus optimiert werden, ohne überprüfen zu können, ob eine andere Lösung womöglich bessere Ergebnisse erbracht hätte.

Diese drei Kategorien – Sucheigenschaften, Erfahrungseigenschaften und Vertrauenseigenschaften – sind eine gute Basis für die inhaltliche Schwerpunktbildung bei der Marketing-Kommunikation eines Anbieters. Die Sucheigenschaften kommen hierbei nicht in Frage, denn die Leistung wird erst nach dem Kauf erstellt. Erfahrungseigenschaften können hingegen vorliegen. Beispielsweise kann ein Kunde sich ein Urteil über die vom Anbieter während des Projekts erstellten Unterlagen bilden. Erfahrungseigenschaften werden kommunikationspolitisch vorzugsweise mithilfe von Referenzen thematisiert. Es wird in diesem Fall also nicht über jene spezifische Produktlösung kommuniziert, die der Kunde erwerben möchte, sondern über die Erfahrungen von Kunden, die bereits ähnliche genutzt haben. Dies stößt bei CSS allerdings auf zwei Probleme. Erstens sind CSS-Projekte bei hohem Individualisierungsgrad kaum vergleichbar, weswegen Kaufinteressenten aus den Aussagen von Referenzkunden nur schwer Rückschlüsse auf ihre eigenen Projekte ziehen können. Zweitens möchten manche Kunden andere Marktteilnehmer nicht wissen lassen, dass bei ihnen ein CSS-Projekt durchgeführt wurde oder mit wem sie dabei zusammengearbeitet haben. Dies trifft vor allem dann zu, wenn es sich um Projekte mit direkter Auswirkung auf die Wettbewerbsfähigkeit handelt.

Wegen der eingeschränkten kommunikativen Nutzungsmöglichkeiten von Such- und Erfahrungseigenschaften kommt den Vertrau-

Abb. 4.15 Werbean-
zeige von McKinsey.
(Quelle: McKinsey/Ruf
Lanz Werbeagentur AG.
Phone Numbers. URL:
http://www.ruflanz.ch/
fsold.php [17.06.2011])

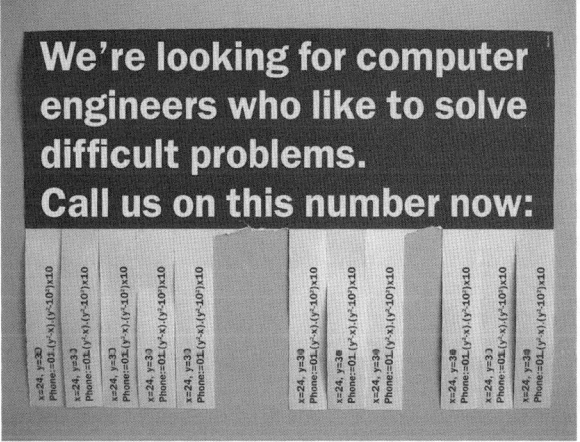

enseigenschaften bei der Vermarktung von CSS besondere Bedeutung
zu. Dem Kunden stehen in diesem Fall allerdings keine Informationen über die Produktqualität zur Verfügung, um seine Unsicherheit zu
reduzieren. Deshalb weicht er auf Informationen über das Anbieterunternehmen aus, schließt also von den Qualitäten eines Anbieters auf
die Qualitäten seiner Produkte. In der Kommunikationspolitik eines
Anbieters von CSS können diesbezüglich beispielsweise die internationalen Standorte des Unternehmens, die lange Firmentradition oder
auch seine Finanzkraft herangezogen werden. Vor allem jedoch wird
es um die Personen gehen, die die CSS-Projekte durchführen. Strate-
gieberater wie McKinsey oder die Boston Consulting Group haben es
geschafft, dass ihre Mitarbeiter als leistungsfähig gelten und sorgen
auch kommunikationspolitisch dafür, diesen Eindruck zu festigen.
Gerne lassen sie dafür zum Beispiel andere wissen, dass die Einstel-
lungskriterien bei ihnen besonders hoch sind (Abb. 4.15).

Zudem wird erfahrenen Beratern nahegelegt, zu bestimmten The-
men Spezialistenwissen aufzubauen, um sie auf diese Weise in der
Presse als Experten platzieren zu können. Parallel dazu wird in Web-
casts und Kundenkonferenzen investiert, um die Mitarbeiter als Partner der Kunden zu positionieren. Eine andere mitarbeiterfokussierte
Kommunikationsmaßnahme besteht darin, potenziellen Kunden die
Lebensläufe der Berater zu geben, die in das Projekt involviert werden sollen. Darin finden sich oft Namen von Elite-Universitäten und
beste Examensnoten, zwei Aspekte, die den Kunden Sicherheit ver-

mitteln sollen, selbst wenn diese Informationen keinen direkten Bezug zu den Herausforderungen des jeweiligen Projekts haben.

Technologie-Unternehmen, die die Vermarktung von Advanced Premium Goods gewohnt sind, tun sich mit solchen mitarbeiterfokussierten Kommunikationsmaßnahmen schwer. Sei es, weil sie sich deren Vorteile nicht bewusst machen, sei es, weil sie die dadurch steigende Bedeutung einzelner Mitarbeiter nicht unterstützen möchten; schließlich könnten diese Mitarbeiter den Arbeitgeber wechseln und ihre Reputation auch für einen Wettbewerber nutzen. Für den erfolgreichen Aufbau eines CSS-Geschäftsbereichs wäre Ersteres verhängnisvoll, Letzteres verständlicherweise aber ein Problem. Statt mitarbeiterfokussierte Marketing-Kommunikation zu vermeiden, sollten deshalb eher Möglichkeiten zur stärkeren Bindung bewährter Projektleiter eingesetzt werden.

4.10   Falsche Geschenke und flexible Preismodelle

Die erfolgreiche Vermarktung der CSS stellt für viele traditionelle Technologie-Unternehmen eine größere Herausforderung dar als deren Durchführung. Mitunter werden sogar bereits Tätigkeiten erbracht, die in puncto Wertschöpfung den Charakter von CSS haben und doch nicht in Rechnung gestellt werden – wie früher bei Voith Paper, als Beratungsleistungen im Rahmen der Requests for Quotation unbezahlt blieben. Dienstleistungen zu verschenken ist nicht grundsätzlich falsch, selbst wenn es sich um komplexe Services handelt. Solange ihr Anteil an der gesamten Wertschöpfung eines Unternehmens gering ist und sie einen wichtigen Beitrag zur nachhaltigen Profitabilität anderer Geschäftsbereiche leisten, kann es sogar sinnvoll sein. Problematisch wird es dann, wenn sich der Schwerpunkt der wertschöpfenden Tätigkeiten zunehmend in Richtung der Service-Leistungen verschiebt, für die die Kunden nicht zahlen möchten, sodass deren Kosten von anderen Produkten getragen werden müssen. Eine derartige Quersubventionierung wird gefährlich, wenn der Wettbewerbsdruck bei den bepreisten Produkten steigt. Denn in solchen Fällen werden sich Anbieter finden, die diese Produkte ohne Services anbieten und sehr viel günstiger sein werden.

Ein Beispiel aus der Telekommunikationsbranche verdeutlicht diesen Zusammenhang: In den achtziger Jahren waren die Firma Lucent und der Siemens-Bereich Public Networks die führenden Anbieter von Vermittlungsanlagen für Telekommunikationsnetze. Sie verkauften ihre hochwertigen Produkte an Unternehmen wie AT&T, Deutsche Telekom (damals noch Deutsche Post) und eine Reihe ähnliche, meist staatliche Einrichtungen. Diese Kunden waren in technischer Hinsicht ebenso kompetent wie ihre Lieferanten und wussten, welche Produkte sie benötigten. Die Situation änderte sich, als die Industrie in den USA und später auch in vielen anderen Ländern dereguliert wurde. Schon in den neunziger Jahren existierten neue Unternehmen, die eine Lizenz für Telekommunikationsdienste erworben hatten, das Geschäft aber kaum kannten. Sie interessierten sich zwar für Vermittlungsanlagen, brauchten aber Unterstützung, um ihren Bedarf zu konkretisieren. Von Siemens Public Networks oder Lucent wollten sie wissen, in welchen Ausbaustufen ihr Netzwerk geplant werden solle, an welchen Orten Vermittlungsanlagen eingerichtet und der Datenfluss optimiert werden könne. Angesichts der Umsatzpotenziale dieser Unternehmen zeigten sich Lucent, Siemens Public Networks und ähnliche Anbieter hilfsbereit. Es wurde üblich, bei Abgabe eines Angebots auch eine umfassende Analyse des Kundenbedarfs und eine kundenspezifische Netzwerkarchitektur zu liefern.

Im Lauf der nächsten Jahre nahm der Umfang solcher Dienstleistungen zu. Da die Kunden dafür nicht zahlen wollten, wurden die Kosten in die Preise der Vermittlungsanlagen kalkuliert. Daraufhin kam es immer häufiger vor, dass die traditionellen Anbieter zwar um umfassende Angebote gebeten wurden, der Auftrag später jedoch an neue Konkurrenten ging, insbesondere an Huawei aus dem Süden Chinas. Huawei konnte damals nicht in gleichem Maß mit Know-how dienen, aber ihre Vermittlungsanlagen waren preiswerter als die der etablierten Anbieter. Deren Kosten ergaben sich nicht nur aus dem höheren Lohnniveau in ihren westlichen Heimatländern, sondern auch aus der Vielzahl hoch qualifizierter Mitarbeiter, die gratis berieten. Als der Gründungs- und Finanzierungsboom der Telekommunikationsbranche im Jahr 2000 weltweit zum Erliegen kam und der Preisdruck erhöht wurde, waren Lucent und Siemens Public Networks außerstande, ihre Kosten marktgerecht nach unten zu korrigieren. Beide erwirtschafteten Verluste und verloren ihre dominierende Stel-

lung am Markt. Die Konzernführung von Siemens entschied daraufhin, sich aus diesem Geschäftsbereich zurückziehen und fusionierte
2003 die größten Teile des Telekommunikationsgeschäfts mit Nokia.
Auch Lucent konnte sich als eigenständiges Unternehmen nicht mehr
halten und ging 2006 in dem neuen Unternehmen Alcatel-Lucent auf.

Aus dem Konsumgüterbereich sind ähnliche Probleme bekannt.
Kunden möchten einen Fernseher kaufen und lassen sich in einem
Fachgeschäft sachkundig beraten, ehe sie das Gerät dann im preis-
wertesten Supermarkt oder im Internet erstehen. Ein Großteil der
Einzelhändler hat das ebenso wenig überlebt wie Siemens Public Networks oder Lucent. Um einen Auftrag zu gewinnen, können
kleine Beratungsgeschenke sinnvoll sein; werden sie jedoch größer,
setzt sich der Anbieter der Geschäftsgefährdung aus. Wenn traditionelle Technologie-Unternehmen ihren Anteil an beratenden Dienstleistungen ausbauen möchten, bleibt ihnen daher nichts anderes, als
ihr Geschäftsmodell zu ändern. Je mehr Services sie erbringen, desto
stärker wird der finanzielle Druck, sie den Kunden in Rechnung zu
stellen. Dafür den richtigen Zeitpunkt zu finden, ist jedoch schwierig,
zumal anzunehmen ist, dass der eigene Vertrieb sich dagegen wehrt.
Er wird die Verärgerung der Kunden und einen Umsatzrückgang für
jene Geschäftsbereiche befürchten, die bisher im Mittelpunkt der Ver-
kaufsanstrengungen standen. Überdies werden Vertriebsabteilungen
auf Wettbewerber verweisen, die ihre Beratung weiterhin verschenken und sich auf die Weise Kundenvorteile verschaffen. Diese Argumente sind alle berechtigt, müssen aber gegen die Folgen wachsender
Quersubventionierung abgewogen werden. Dabei ist es bequem, aber
falsch, wegen kurzfristiger Nachteile langfristig notwendige Änderungen zu verschieben.

Die Bepreisung der CSS ist ebenso vielfältig wie die anderer Geschäftsbereiche. Bei inputbasierten Preismodellen wird üblicherweise
die projektbezogene Arbeitszeit als Grundlage herangezogen. Als Be-
rechnungseinheit dienen Tagessätze, die nach Qualifikation und Seniorität der Mitarbeiter variieren. Auch Festpreise für CSS-Leistungs-
pakete sind möglich. In dieser Form bietet Voith Paper seine Quality-
und Energy-Audits an. Diese Art der Bepreisung birgt bei den CSS
insofern Risiken, als sich der Anbieter der notwendigen Mitarbeit des
Kunden nicht sicher sein kann. Wenn sie ausbleibt, wird mehr Zeit
gebraucht, die höhere Kosten nach sich zieht.

Risiken bestehen für den Anbieter auch dann, wenn er sich für outputbasierte Preismodelle entscheidet und dazu Bewertungsgrößen zugrunde legt, die direkt vom Erfolg des Kundenunternehmens und nur indirekt von der erbrachten Dienstleistung abhängig sind. In vielen Geschäften mit Advanced Premium Goods ist dieser Ansatz in den letzten Jahren populär geworden. Die in Kap. 3 erwähnten Turbinenhersteller Alstom, General Electric und Siemens lassen sich unter dem Schlagwort *Power by the Hour* beispielsweise nach den Stunden bezahlen, die die Turbinen beim Kundenunternehmen gelaufen sind. Auf die Weise hängen ihre Erlöse dann auch davon ab, wie geschickt die Käufer den Energiebedarf ihrer Kunden steuern. Grundsätzlich ist dieser Markt ein gutes Beispiel für den Trend, dass ein und dieselben Anbieterunternehmen mit unterschiedlichen Geschäftsmodellen auf einem Markt agieren können. Einigen Kunden werden Turbinen verkauft, an andere werden sie lediglich verleast, bei dritten wird zusätzlich der Betrieb der Anlage übernommen und die erzeugte Energie veräußert.

Diese Flexibilität bei der Gestaltung von Geschäftsmodellen kann auch bei den CSS zum Tragen kommen. Ein Krankenhaus kann sich entscheiden, von Soarian ein Archivierungssystem zu kaufen und es selbst zu betreiben. Die Archivierung kann es auf eigenen Servern durchführen, die von Siemens betrieben werden, oder über *Private Cloud Computing* die Rechenzentren von Siemens nutzen. Die Bepreisung kann auf der Basis von Datenzugriffen und Übertragungsvolumina erfolgen. Preispolitische Entscheidungen können dabei nicht getroffen werden, ohne dass Anbieter und Kunden festlegen, wer für welche Tätigkeiten zuständig ist, wie die Eigentumsrechte verteilt werden und von wem welche Risiken zu tragen sind. Dabei können sich Kooperationsmöglichkeiten ergeben, die über eine zeitlich befristete Projektperspektive hinausgehen und die Zusammenarbeit in eine langfristige Geschäftsbeziehung münden lassen.

4.11 Eigenständigkeit und Wettbewerbsvorteil

In vielen Bereichen sind die CSS nicht mit den Advanced Premium Goods traditioneller Technologie-Unternehmen zu vergleichen: in der Zusammenlegung der Produktions- und Vertriebsverantwortung, dem

Kompetenzprofil der CSS-Verantwortlichen, ihrer Karriereentwicklung und der Kommunikations- und Preispolitik. Demnach müssen die CSS auch anders geführt werden, am besten als eigenständige Geschäftseinheit. Voith Paper hat das getan. Dort sind 2010 die oben beschriebenen Beratungsleistungen in eine separate Organisationseinheit überführt worden. Eine solche organisationale Trennung kann allerdings bewirken, dass der Wissensfluss zwischen den Bereichen ins Stocken gerät oder gar zum Erliegen kommt; erst recht, wenn Unterschiede in Gehalt, Status und Karrieremöglichkeiten bestehen. Das hat IBM erfahren: 1992 gründete ein ehemaliger Senior-Partner der Booz Allen Hamilton Group die IBM Consulting Group, einen Bereich, der anfangs weitgehend eigenständig handeln konnte; in Deutschland war er sogar rechtlich eine selbständige Einheit. Den Managern bot man die gleichen Gehälter und Erfolgsbeteiligungen, die in namhaften Strategieberatungen üblich waren – nicht aber bei IBM. Gerade das wurde im Nachhinein als Grund dafür gesehen, dass die Integration dieser Gruppe in den Konzern nicht glückte und die erhofften Synergien mit den anderen Produktbereichen ausblieben. 1996 wurde die Eigenständigkeit dieser Beratungsgruppe wieder reduziert. Dass ein Teil der Berater daraufhin kündigen würde, nahm IBM zugunsten der Konzernkultur in Kauf.

Angesichts solcher Probleme könnte man überlegen, ob die CSS-Bereiche der Technologie-Unternehmen ihr technisches Wissen losgelöst von den Advanced Premium Goods aufbauen sollten. Als Beispiel könnte die Munich Re dienen, die 2010 ein neues Versicherungsprodukt entwickelte, das Leistungsgarantien von Photovoltaikanlagen absichert und den Herstellern stabile Grundlagen für ihre Renditeplanungen und im Schadensfall schnelle Liquidität ermöglicht. Die Entwicklung dieses komplexen Versicherungsprodukts setzte fundiertes Wissen über die Photovoltaik-Technologie voraus, die Deckungszusagen erforderten ein umfassendes Verständnis von Produktionsverfahren und technischen Standards. Die zuständigen Spezialisten der Munich Re haben sich die Fachkompetenz angeeignet, ohne dass die Versicherung selbst Photovoltaikanlagen herstellt.

Ein solches Vorgehen kann die Erfolgschancen für den CSS-Bereich eines Technologie-Unternehmens am Markt jedoch stark mindern. Denn wenn dieser Bereich als *dritte Welle* aus dem Geschäft mit den Advanced Premium Goods entwickelt wurde, stellt die tech-

nische Kompetenz des Mutterunternehmens einen wichtigen Wettbewerbsvorteil dar. Sie kann sowohl genutzt werden, um sich gegenüber potentiellen Kunden zu profilieren, als auch die Investitionen für
den separaten Wissensaufbau zu sparen. Im nächsten Kapitel werden
wir uns unter anderem damit auseinandersetzen, wie die Balance im
Verhältnis von CSS und Advanced Premium Goods gefunden werden
kann.

4.12 Kernaussagen

- Da die etablierten Technologie-Unternehmen das Service-Geschäft
  nur begrenzt kennen, schätzen sie dessen Möglichkeiten und Vorteile oftmals falsch ein.
- Aufgrund ihrer drei Haupteigenschaften – Komplexität, Individualität und Bedeutung für den Kunden – sind CSS für neue Wettbewerber mit hohen Markteintrittsbarrieren verbunden.
- Von den Projektverantwortlichen verlangen die CSS technisches
  Know-how, Kenntnisse der Betriebswirtschaft und des Projekt-Managements, aber auch sogenannte *Soft Skills*, wie Kommunikation,
  kognitive Empathie, Kreativität, Führungsfähigkeit, Engagement
  und Integrität.
- Wegen des vom Kunden als hoch wahrgenommenen Risikos spielt
  dessen Vertrauen gegenüber dem Lieferanten eine zentrale Rolle.
  Die Marketing-Kommunikation des CSS-Lieferanten sollte sich
  deshalb auf die eigene Marke und die Kompetenz und Vertrauenswürdigkeit der Mitarbeiter konzentrieren.
- Die Trennung von Vertrieb und Produktion, die bei den Advanced
  Premium Goods üblich ist, sollte für CSS aufgegeben werden.
- Ein Unternehmen, das bislang ausschließlich im Industriegüterge-
  schäft tätig war, braucht für CSS eine kritische Einstellung gegenüber gratis erbrachten Dienstleistungen. Solche Geschenke können
  zwar kurzfristig Vorteile bringen, aber langfristig schädlich sein.
- CSS-Bereiche brauchen innerhalb der klassischen Technologie-
  Unternehmen ein hohes Maß an organisationaler Unabhängigkeit,
  doch der intensive Austausch relevanten Wissens zwischen den
  verschiedenen Geschäftsbereichen muss gewährleistet werden.

Weiterführende Literatur

Anderson JC, Wynstra F (2010) Purchasing higher-value, higher-price offerings in business markets. J Bus Bus Mark 19(1):29–61

Chesbrough H (2011) Open services innovation: Rethinking your business to grow and compete in a new era. Wiley, Hoboken

Ehret M, Wirtz J (2010) Division of labor between firms: Business services, non-ownership value, and the rise of the service economy. Ser Sci 2(3):136–145

Ekman P (1989) Weshalb Lügen kurze Beine haben: Über Täuschungen und deren Aufdeckung im privaten und öffentlichen Leben. de Gruyter, Berlin

Kleinaltenkamp M, Fliess S (2004) Blueprinting the service company: Managing service processes efficiently. J Bus Res 57:392–404

Lovelock C, Wirtz J (2010) Services marketing. Prentice Hall, Upper Saddle River

Piercy NF, Lane N (2010) Strategic customer management: Strategizing the sales organization. J Bus Bus Mark 17(4):406–409

Piercy NF (2010) Evolution of strategic sales organizations in business-to-business marketing. J Bus Ind Mark 25(5):349–359

Plötner O (1995) Das Vertrauen des Kunden. Relevanz, Aufbau und Steuerung auf industriellen Märkten. Gabler, Wiesbaden

Plötner O (2008) The development of consulting in goods-based companies. Ind Mark Manage 37:329–338

Plötner O, Ehret M (2006) From relationships to partnerships – new forms of cooperation between buyer and seller. Ind Mark Manage 35(1):4–9

Plötner O, Spekman RE (Hrsg) (2007) Bringing Technology to Market. Wiley, Weinheim

Raddatz C (2011) Aligning industrial services with strategies and sources of market differentiation. J Ind Mark 26(5):332–343

Shostack GL (1984) Designing services that deliver. Harv Bus Rev 62(1):133–139

Vargo SL, Lusch RF (2004) Evolving to a new dominant logic for marketing. J Mark 68:1–17

Wilkinson A, Dainty A, Neely A (2009) Changing times and changing timescales: the servitization of manufacturing. Int J Oper Prod 29(5):7

Perspektiven 5

5.1 Konzeptionelle Perspektiven

Im dritten und vierten Kapitel gab es Unternehmensbeispiele dafür, dass NFT und CSS aus traditionellen Advanced Premium Goods entwickelt wurden. Dabei ging es überwiegend nicht um Entweder-oder-, sondern um Sowohl-als-auch-Entscheidungen. Siemens Building Technology ergänzt sein Produktportfolio durch NFT-Produkte wie Cerberus ECO *und* bietet CSS an, unter anderem durch eine Beratungsgruppe, die die Energieeffizienz großer Gebäudeanlagen optimiert. Mit den über 100 Mitarbeitern, die diese Dienstleistungen erbringen, erwirtschaftet Siemens Building Technology inzwischen einen jährlichen Umsatz von über 300 Mio. Euro. Für die Schweizer SBT-Zentrale ergeben sich dadurch Fragen, die über die Wettbewerbsstrategie einzelner Geschäftsbereiche hinausgehen und die bereichsübergreifende Steuerung betreffen. Insofern erweitert sich die Perspektive der Wettbewerbsstrategie auf die der Unternehmensstrategie.

Denken wir in dem Zusammenhang noch einmal an das im zweiten Kapitel vorgestellte Modell der Produktivitätsgrenze von Michael Porter. Darin werden die Produkte einer Branche nach zwei Dimensionen eingeteilt, dem Kosten- und dem Nutzenvorteil. In beiden Dimensionen können Angebote optimiert werden und sich nach „Nordost" verbessern. Schließlich werden sie aber die Produktivitätsgrenze erreichen, die in Porters Modell als einen die beiden Achsen verbindenden 90-Grad-Bogen dargestellt. Dort ist die Optimierung von Effizienz und Effektivität erreicht. Verbesserungen in der einen Dimension würden Verschlechterungen in der anderen nach sich ziehen. Dabei sprechen wir von Trade-off-Effekten.

O. Plötner, *Counter Strategies im globalen Wettbewerb*,
DOI 10.1007/978-3-642-28138-9_5,
© Springer-Verlag Berlin Heidelberg 2012

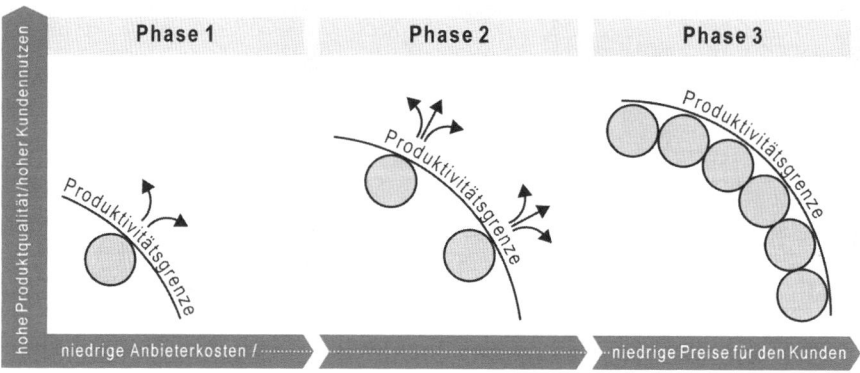

Abb. 5.1 Entwicklungsmodell für Produktangebote bei technischen Innovationen

In einem solchen Modell würde ein NFT-Angebot im unteren Be-reich liegen und hohe Kostenvorteile bieten; ein CSS-Angebot läge im oberen Bereich und würde sich durch hohen Kundennutzen her-vortun. In *derselben* Darstellung wären beide allerdings nur dann zu finden, wenn sie demselben Markt angehörten. Auf jedem Punkt der Produktivitätsgrenze hat ein Anbieter die Optimierung von Effizienz und Effektivität erreicht. Dabei muss für einen geschäftlichen Erfolg allerdings gewährleistet sein, dass an dem jeweiligen Punkt auch aus-reichender Kundenbedarf existiert. Außerdem ist auf die Dynamik der Märkte zu achten, denn Anzahl und Position der Angebote innerhalb des Modells können sich im Laufe der Zeit verändern.

Sobald es zu einer Produktinnovation kommt, bildet sie den Aus-gangspunkt für weitere Entwicklungen. So wie Leistung und Kosten des ersten Wagens von Carl Benz nach und nach verbessert wurden, gibt es auch bei anderen technischen Innovationen Qualitäts- und Ef-fizienzverbesserungen. Bei ausreichender Nachfrage, heterogenen Kundenwünschen und Konkurrenzdruck werden zunehmend Liefe-ranten auftreten, die diese Spielräume nutzen. Die erste Version der Innovation wird schließlich besser und preiswerter werden, sodass die Produktivitätsgrenze weiter in Richtung „Nordosten" geschoben wird. In den anschließenden Phasen der Marktentwicklung ist eine hohe Anzahl von Produkten denkbar, welche sich in einem Idealmo-del wie Perlen an einer Kette entlang der Produktivitätsgrenze ziehen können und dem differenzierten Bedarf unterschiedlicher Kunden-segmente gerecht werden (Abb. 5.1).

Aufgrund der unterschiedlichen Kundenbedarfe in späteren Markt-
phasen wird der Anbieter überlegen, ob er sämtlichen Kundensegmenten gerecht werden soll. Porter sieht das mit Skepsis, schon dann,
wenn ein Anbieter nur zwei Segmente in den beiden Endbereichen
der Kurve bedient. Die dazu notwendige wettbewerbsstrategische
Differenzierung birgt für ihn die Gefahr, dass der Fokus verloren geht,
es zu organisationaler Konfusion und folglich Motivationsverlust der
Mitarbeiter kommt. Dabei verweist er auf das Beispiel der US-Airline
Continental, die es nach der Gründung ihrer billigeren Continental
Lite in den 1990er Jahren nicht schaffte, zu den unteren Marktseg-
menten vorzustoßen; genauso erging es später übrigens auch anderen
Premium-Airlines bei ähnlichen Versuchen. Die Gründe dafür sieht
Porter im widersprüchlichen Image der Produkte, in der mangelnden
Flexibilität von Unternehmensressourcen und in ungeeigneten über-
greifenden Koordinations- und Kontrollmechanismen. Zwar schuf
Continental mit dem Lite-Bereich ein Produkt, das kostengünstiger
als das traditionelle Angebot war, doch dabei kam Continental der
Produktivitätsgrenze nie so nah wie die No-Frills-Wettbewerber. Diese wurden letztlich von den Kunden bevorzugt, weil sie ihnen bei
gleichen Kosten mehr Nutzen oder vergleichbaren Nutzen bei gerin-
geren Kosten anbieten konnten.

Natürlich gibt es auch Beispiele für Unternehmen, die in der gleichen Branche mit unterschiedlichen Wettbewerbsstrategien Erfolg
hatten. Im dritten Kapitel wurde die Accor-Gruppe erwähnt, die mit
Sofitel und Etap jeweils ganz andere Zielgruppen anspricht, oder der
Volkswagen-Konzern, der mit Skoda und Lamborghini Autos für
unterschiedliche Kundensegmente anbietet. Aus der Sicht des Volks-
wagenkonzerns sind diese Bereiche gerade deshalb erfolgreich, weil
sie Teile des Konzerns sind und demzufolge umsatz- und/oder kosten-
basierte Synergien genutzt werden können.

Um das Beispiel Volkswagen richtig einzuordnen, müssen jedoch
drei Dinge ergänzt werden: Erstens können die Marken nur dann
demselben Markt zugeordnet werden, wenn dieser sehr weit definiert
wird. Hier wäre es der gesamte Markt für PKW. Das bedeutet, dass
die Marktdefinition der Europäischen Kommission aus dem zweiten
Kapitel nicht gelten würde. Zweitens ist der Volkswagenkonzern im
NFT-Bereich nicht am untersten Ende der Produktivitätsgrenze aktiv,
wo derzeit Fahrzeuge wie der Tata Nano bereits für 1750 Euro zu ha-

ben sind. Der dritte und für die unternehmensstrategische Diskussion wichtigste Punkt ist, dass der Konzern mit Marken wie VW und Audi auch Fahrzeuge anbietet, die zwischen Skoda und Lamborghini angesiedelt sind.

Dabei sind die Synergiepotenziale zwischen VW und Skoda zwangsläufig höher als zwischen Skoda und Lamborghini. Ein Beispiel ist die Plattform PQ3, die für den VW Golf, Skoda Octavia, Audi A3 und Seat Toledo eingesetzt wird. Für die oberen Kundensegmente wird Presseberichten zufolge zurzeit geprüft, ob die Plattform des Porsche Panamera künftig auch für neue Modelle des Lamborghini Estoque, Audi A9 und eines geplanten viertürigen Coupés bei Bentley verwendet werden kann. Gemeinsame Plattformen bedeuten, dass zahlreiche nicht unmittelbar sichtbare Elemente wie Getriebe, Lenkung, Achsen, Bremsanlage, Tank und Abgasanlage baugleich sind und Skaleneffekte zulassen, wobei Kostensynergien natürlich auch dann erzielt werden können, wenn die Produkte nicht idealtypisch an der Produktivitätsgrenze liegen.

Aus diesem Beispiel lassen sich erste Antworten auf die oben gestellte Frage ableiten, inwieweit ein Unternehmen das Angebotsportfolio der Advanced Premium Goods um NFT und CSS erweitern soll. Dieser Schritt ist vorteilhaft, wenn Synergien realisiert werden können, die den jeweiligen Produkten in ihrem Segment Wettbewerbsvorteile verschaffen. Dabei sind die Synergiepotenziale je größer, desto ähnlicher sich die Ressourcen und Prozesse zur Erstellung und Vermarktung sind. Es können auch indirekte Synergien zwischen unterschiedlichen Produktangeboten bestehen, soweit weitere, einander ähnliche Produkte zwischen ihnen positioniert werden, wie es im Modell der Perlenkette der Fall ist.

Da die Märkte dynamisch sind, kann sich die Produktivitätsgrenze jederzeit verschieben, beispielsweise durch die Entwicklung neuer Technologien. Zudem unterliegt der Bedarf der Kunden beziehungsweise die Position der Kundensegmente ebenso permanenten Änderungen wie die Konkurrenzsituation. Solche Verschiebungen konnte man beispielsweise in den achtziger Jahren in der Automobilindustrie beobachten, als Toyota aus der Position des Kostenführers heraus seine Qualität kontinuierlich verbesserte, während deutsche Premium-Unternehmen erfolgreich daran arbeiteten, die Effizienz ihrer Prozesse zu steigern. Nach Porters Modell rückten die Unternehmen dadurch aufeinander zu. Die japanischen bewegten sich von rechts unten nach oben, die deutschen von links oben nach rechts. Unterdessen verschob sich die gesamte Produktivitätskurve dieser Industrie weiter nach „Nordosten".

5.2 Marktliche Perspektiven

Mit der Bildung unterschiedlicher Kundensegmente und Produktangebote steigt die Anzahl der Wettbewerber. Abgesehen von einigen Ausnahmen, haben sich auch in den Technologie-Märkten Anbieter unterschiedlicher Größe etabliert. Dabei ist für kleine und mittlere Unternehmen, die nur im Markt der Advanced Premium Goods aktiv sind, der Einstieg in NFT- und CSS-Bereiche schwieriger als für Konzerne, die sich bereits auf mehreren Märkten etabliert haben. Nicht nur, dass Konzerne über größere Erfahrung verfügen, wenn es darum geht, ein vielfältiges Produktportfolio zu managen. Auch unter finanziellen Gesichtspunkten ist der Einstieg in ein neues Geschäftsfeld für sie weniger gefährlich, denn der Misserfolg eines Geschäftsbereichs kann durch einen anderen abgefedert werden. Wenn ein kleineres Unternehmen in einem neuen Markt größere Verluste macht, kann hingegen schnell dessen gesamte Existenz auf dem Spiel stehen.

Dazu kommt, dass der Erfolg der kleinen und mittleren Unternehmen, die als Hidden Champions gelten, nach Hermann Simon mit einer spezifischen Unternehmenskultur verbunden ist, die häufig von den individuellen Eigenschaften eines Unternehmers beziehungsweise einer Eigentümerfamilie abhängt (Simon 2007). Zwar kann sie in ganz bestimmten Marktbereichen kulturell diversifizierten Konzernen überlegen sein, aber in der Regel reduziert sie die Bereitschaft, Andersartiges zuzulassen. Für das familiengeführte Mittelstandsunternehmen, das seit Generationen auf die technische Höchstleistung seiner Advanced Premium Goods zielt, sind die neuen NFT-Märkte fraglos eine besondere Herausforderung. Gerade die Eigenständigkeit neuer und somit auch „anderer" Geschäftsbereiche stößt bei den kleinen und mittleren Technologie-Unternehmen rasch an Toleranzgrenzen. Die Entwicklungen in den neuen Wachstumsmärkten führen deshalb bei vielen von ihnen eher dazu, die Anstrengungen bei ihren Advanced Premium Goods noch zu verstärken. Zwar sinkt ihr Marktanteil dann wegen des überdurchschnittlichen Wachstums der unteren und mittleren Kundensegmente, aber auch geringes Wachstum in den oberen Segmenten kann zu Umsatzsteigerungen führen. Zudem versuchen Mittelständler zu wachsen, indem sie in neue Produktbereiche eintreten, die ihren bisherigen Advanced Premium Goods ähnlich sind und deswegen keine Änderungen bei Unternehmenskultur und Wettbewerbsstrategie erfordern.

Dagegen hat Siemens die marktliche, strategische und kulturelle Diversifizierung intensiviert, sodass es inzwischen in nahezu sämtlichen Divisionen Beispiele dafür gibt, dass man gleichzeitig mit Advanced Premium Goods, NFT und CSS tätig sein kann. Aber auch wenn der Eintritt in neue Geschäftsfelder für große Unternehmen wirtschaftlich weniger existenzgefährdend als für kleine ist, stellt er sie vor große Herausforderungen. Im Vergleich zum Gesamtumsatz sind die Aktivitäten von Siemens in den CSS- und NFT-Bereichen noch zu gering, um sie als nachhaltig erfolgreich bezeichnen zu können. Sollte es Konzernen wie Siemens jedoch gelingen, sich auch in den neuen Marktsegmenten zu etablieren, werden sie global weiter wachsen und ihre dominierende Stellung ausbauen.

Diese Erwartung deckt sich mit den Ergebnissen, die Graeme Deans, Fritz Kroeger und Stefan Zeisel 2002 über die Konsolidierungstendenz der Märkte herausgefunden haben. Sie prüften die Entwicklung von Unternehmen und ihrer Marktanteile in unterschiedlichen Branchen (Deans et al. 2002). Unter anderem analysierten sie die Ergebnisse von über 135.000 Merger-&-Acquisitions-Projekten weltweit. Dabei gab es einen branchenübergreifenden Trend, dass im Rahmen sogenannter *Merger Endgames* die Marktanteile einer abnehmenden Zahl von Unternehmen zunehmend größer wurden (Abb. 5.2).

Im gleichen Jahr wurde dem Phänomen der Marktkonsolidierung durch *The Rule of Three* (2010) von Jagdish Sheth und Rajendra Sisodia weitere Aufmerksamkeit geschenkt (Sheth und Sisodia 2002). Ihren Untersuchungen zufolge schälen sich auf nicht regulierten Märkten zuletzt drei führende Unternehmen – oder Generalisten – mit einem Marktanteil von insgesamt 70–90 % heraus. Der Rest des Umsatzes wird unter einer Vielzahl kleinerer, spezialisierter Nischenanbieter aufgeteilt. Sollten sich bestehende Märkte zu einem größeren zusammenschließen, stoßen wieder neue Konkurrenten aufeinander, die sich erneut konsolidieren und zu dem Muster der dominierenden Drei zusammenfügen. Sheth/Sisodia verdeutlichen diesen Mechanis-

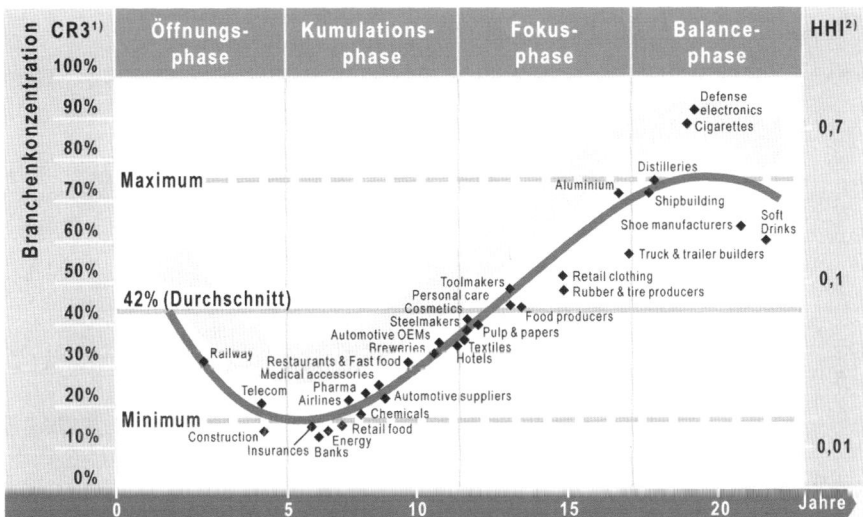

¹ CR3 = Marktanteil der drei größten Unternehmen einer Branche
² HHI = Hirschman-Herfindahl-Index, Summe der quadrierten Marktanteile aller Unternehmen einer Branche, logarithmische Skala

Abb. 5.2 Merger Endgames. (Quelle: Kroeger et al. 2008)

mus unter anderem anhand der Reifenindustrie, wo sich in den siebziger Jahren in Amerika Goodyear, Firestone und Goodrich als führende Anbieter etabliert hatten, in Europa Michelin, Pirelli und Continental und in Asien Bridgestone, Sumimoto und Toyo. Mit zunehmender Globalisierung dieses Marktes traten die Unternehmen Ende der siebziger Jahre miteinander in Wettbewerb, in dem sich Michelin, Bridgestone und Goodyear als die drei weltweit führenden durchsetzten.

Anders als der Reifenmarkt sind die technologiegeprägten B2B-Märkte schon seit jeher dereguliert und global. Eine Verschiebung der bisherigen Marktgrenzen ergibt sich jedoch aus den neuen Kundensegmenten im NFT-Bereich und der zunehmend nachgefragten CSS. Doch wie schon zuvor in anderen Branchen wird auch das dort entstehende Marktwachstum zu neuen Wettbewerbsstrukturen und Konsolidierungen führen. Dann werden einige der großen westlichen Technologie-Konzerne zu den führenden Wettbewerbern in ihren Märkten gehören – soweit sie die notwendigen Umgestaltungsprozesse bewältigen.

Natürlich streben auch die neuen Wettbewerber aus den Schwellen- und Entwicklungsländern eine führende Position auf den global kon-

Wer dominiert die Fortune Global 500?

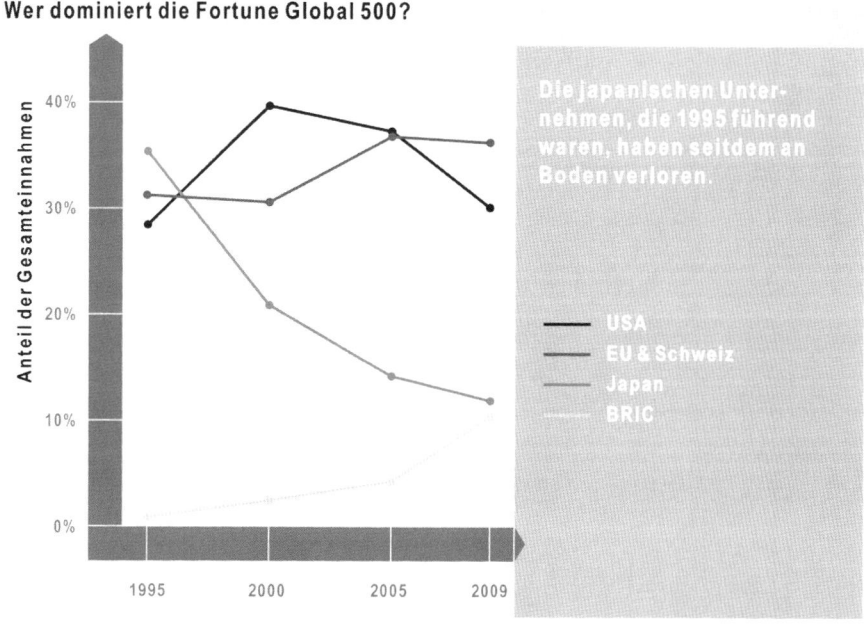

Abb. 5.3 Entwicklung der Umsatzanteile der Fortune-500-Unternehmen. (Quelle: Black und Morrison 2010)

solidierten Märkten an, doch dazu müssen sie ihre Organisationsstrukturen ebenfalls stark verändern. Ob ihnen das gelingt, wird teilweise in Frage gestellt, wie 2010 von Stewart Black und Allen Morrison in ihrem Beitrag „The Globe: A Cautionary Tale for Emerging Market Giants" in der *Harvard Business Review* (Black und Morrison 2010). Die Autoren ziehen dabei Parallelen zwischen heutigen Unternehmen in den BRIC-Ländern und der Entwicklung japanischer Unternehmen in den letzten Jahrzehnten. Demnach konnten japanische Unternehmen in den achtziger und neunziger Jahren in zahlreichen Technologie-Branchen dominierende Marktpositionen einnehmen. 1995 belief sich ihr gemeinsamer Umsatz in den globalen Fortune-500-Unternehmen auf insgesamt 35,2 %. Im Jahr 2000 war dieser Anteil auf 20,8 % gesunken und 2009 auf 11,2 %. Im selben Zeitraum konnten westeuropäische und nordamerikanische Unternehmen Umsatzanteile zurückgewinnen, wenn auch nicht mit der Dynamik, mit der die Unternehmen der BRIC-Länder zulegten, die insgesamt von unter 1 % des Umsatzes auf über 10 % gesprungen sind (Abb. 5.3).

Die Gründe für das damalige starke Wachstum der japanischen Unternehmen sehen Black und Morrison vor allem in der Größe des japanischen Heimatmarkts, seiner Unzugänglichkeit für ausländische Wettbewerber und den engen Beziehungen zwischen Japans Unternehmen und den politischen Institutionen des Landes. Dazu sei die hohe Identifikation der japanischen Arbeiter, Angestellten und Manager mit ihrer Unternehmenskultur gekommen. Diese Homogenität habe dafür gesorgt, dass alle Gruppen geschlossen an der Verbesserung ihrer Wettbewerbsposition gearbeitet hätten. Nach Ansicht von Black und Morrison stand genau diese kulturelle Homogenität dem dauerhaften globalen Erfolg der japanischen Unternehmen im Weg. Als Beispiel führen die Autoren an, dass Sharp, Panasonic, Fujitsu, NEC, Toshiba und Sony im Jahr 2000 versucht haben, mit ihren Mobiltelefonen weltweit zu expandieren, doch keiner von ihnen eine führende Position erreichte. Ihre Unternehmenskultur habe zwar die Entwicklung technisch exzellenter Produkte ermöglicht, doch letztlich verhindert, auf die kulturelle Diversität der ausländischen Märkte einzugehen; unter anderem deshalb, weil das fast ausnahmslos japanische Management auf der Einhaltung der eigenen Unternehmenskultur beharrte.

Die von Black und Morrison gezogenen Parallelen zu den BRIC-Ländern scheinen evident. Auch bei den kürzlich in die Top-Fortune 500 vorgestoßenen Unternehmen wie Huawei und Tata Motors basiert das starke Umsatzwachstum in erster Linie auf dem Erfolg in ihrem großen, schnell wachsenden Heimatmarkt. Gleichzeitig sind insbesondere China und Indien Wettbewerbern aus dem Ausland nicht leicht zugänglich, sei es wegen der kulturellen Spezifität der Kunden, der bürokratischen Hürden oder der Marktregulierung. Zudem sind diese neuen, aufstrebenden Unternehmen mit den politischen Stellen in ihrem Heimatland eng verbunden; mitunter sind staatliche Institutionen Eigentümer der Unternehmen. Darüber hinaus sind sowohl indische als auch chinesische Unternehmen den Traditionen ihrer Gesellschaft verhaftet. Der hohe Stellenwert persönlicher Netzwerke – das berühmte *guanxi* der Chinesen –, führt zu der gleichen Homogenität und auch Starre, die der Internationalisierung der japanischen Unternehmen im Weg gestanden hat. Auch ein System, das zügige Produktentwicklung mit begrenzten Ressourcen fördert – was die Inder *jugaad* nennen –, wird nicht ausreichen, um beim Bau von Gasturbinen, Satelliten oder U-Booten Technologieführer zu werden. In diesem Zusammenhang sind Sorgfalt, Qualitätsorientierung, Erfahrung und Planungsmanagement gefragt, die wichtiger als Schnelligkeit, Kostenvorteile und Improvisationsvermögen sind.

Letztlich müssen Unternehmen aus diesen schnell wachsenden Volkswirtschaften noch stärker umdenken als die westlichen Anbieter von Advanced Premium Goods, wenn sie auf global konsolidierten Märkten eine führende Position einnehmen möchten. Unter anderem müssen die Marktneulinge intensiver versuchen, sich auf die Verhaltensweisen, Erwartungshaltungen und Wertesysteme anderer Länder einzustellen, denn sonst wird man sie dort nicht als vertrauensvollen Partner anerkennen. Gleichzeitig müssen sie länderübergreifende Unternehmenskulturen etablieren, die von globalem unternehmerischem Denken beherrscht sind, nicht zuletzt, um weltweit die besten Führungskräfte zu gewinnen. Die Geschichte der japanischen Unternehmen hat gezeigt, wie schwierig solche kulturellen Umstellungen sind. Zweifellos existieren hier Parallelen zu den oben erwähnten Mittelstandsunternehmen, von denen einige allein wegen ihrer Unternehmenskultur den Eintritt in die NFT-Märkte nicht schaffen. Ihnen gegenüber haben die Aufsteiger aus den neuen Wachstumsländern allerdings den Vorteil, dass sie angesichts des Erfolgs in ihren Heimatmärkten über die höhere Kapitalkraft verfügen. Sie erlaubt es ihnen, in neue Märkte einzutreten, ohne finanziell existenzbedrohende Risiken einzugehen.

Einige der Neuen bemühen sich bereits, eine globale Unternehmenskultur einzuführen. Ein Beispiel ist HCL, ein 1976 in Indien gegründetes IT-Unternehmen, in dem heute 77.000 Mitarbeiter einen jährlichen Umsatz von 5,5 Mrd. US-Dollar erwirtschaften. 2005 entschied der CEO des Unternehmens, Vineet Nayar, die Unternehmenskultur neu auszurichten und insbesondere den in Indien traditionell hierarchischen Führungsstil zu modifizieren beziehungsweise die „Demokratisierung des Unternehmens" voranzutreiben (Nayar 2010). Unter anderem wurden dazu 360-Grad-Feedbacks eingeführt, den Mitarbeitern wurde gestattet, ihre Arbeitszeit eigenverantwortlich zu gestalten und sie wurden ermuntert, direkt mit dem CEO über Probleme im Unternehmen zu sprechen. Womöglich hat sich dieser Kulturwandel ausgezahlt, denn das Umsatzwachstum liegt seit 2005 deutlich über dem Branchendurchschnitt, die Kundenzufriedenheit wurde erhöht und die weitere Internationalisierung in Angriff genommen.

Inzwischen ist HCL in 29 Ländern präsent. 2010 wurde Vineet Nayars Buch *Employees First, Customers Second* zu einem Bestseller. 2011 bekam Nayar auf der CeBIT in Hannover den Preis „Leader in the Digital Age" verliehen.

Sicherlich ist die Entwicklung von HCL nicht repräsentativ für alle neuen Technologie-Unternehmen, aber sie zeigt, dass einige durchaus fähig sind, sich zu verändern.

Im Gegensatz zu Black/Morrison erwarten wir deswegen, dass die globale Konsolidierung in den Technologie-Märkten eine Reihe von Unternehmen aus den derzeitigen Schwellen- und Entwicklungsländern in eine führende Position bringen wird. Interessanterweise setzen sie auch weniger als die japanischen Anbieter früher auf organisches Wachstum, sondern nutzen die Möglichkeiten zum Kauf von Unternehmen, wie es die Übernahme von Volvo durch Geely oder von Jaguar durch Tata gezeigt hat. Realistischer als Black und Morrison erscheint die Studie der Boston Consulting Group, in der davon ausgegangen wird, dass in den kommenden fünf Jahren etwa 50 Unternehmen aus den neuen Wachstumsmärkten unter die Fortune 500 gelangen werden und 2021 15 bis 20 von ihnen unter die Fortune 100. Übrigens lassen sich dafür auch Beispiele in der von Black/Morrison zitierten japanischen Wirtschaft finden, denn Sony und Toyota haben zweifellos eine nachhaltig führende Position in ihren Märkten erreicht.

5.3 Betriebliche Perspektiven

Kehren wir noch einmal zu den Unternehmen zurück, die von ihren Advanced Premium Goods in neue CSS- und NFT-Märkte vorstoßen möchten. Ein wesentlicher Erfolgsfaktor für sie ist die Eingliederung der neuen Geschäftsbereiche in den Gesamtkonzern. Bei Siemens wurde für den Aufbau von Cerberus ECO auf fünfter Konzernebene eine Einheit eingerichtet, die unter derselben Leitung wie die Sinteso-Premiumproduktsparte stand. Die Abbildung auf der folgenden Seite zeigt die Struktur des Konzerns, wobei eine Siemens-Geschäftseinheit der fünften Ebene zwischen 1.000 und 3.000 Mitarbeiter umfasst und insofern mit einem mittelständischen Unternehmen vergleichbar ist (Abb. 5.4). (Der abgebildete produktorientierte Organisationsauf-

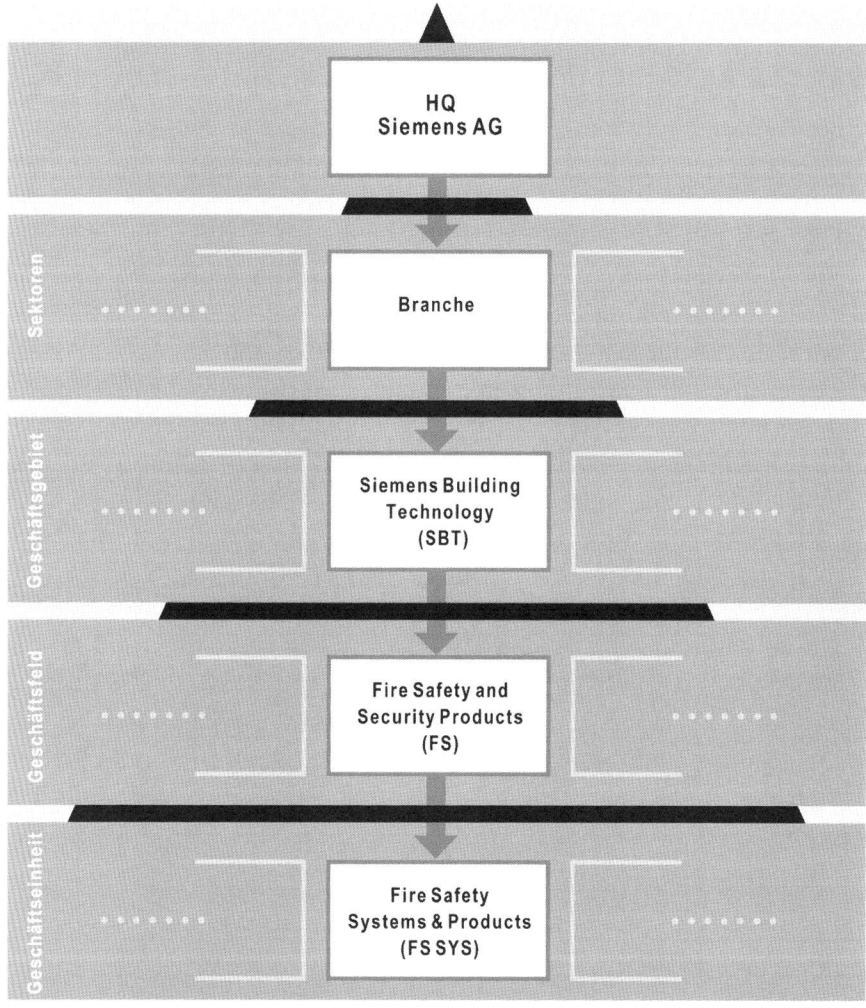

Abb. 5.4 Produktorientierter Organisationsaufbau der Siemens AG, Juni 2011. (Quelle: Eigene Darstellung in Anlehnung an Siemens AG)

bau wird noch durch eine regionale Dimension ergänzt, aus der sich die dem Konzern zugrunde liegende Matrixstruktur ergibt.)

Wie aber trägt die Eingliederung eines Geschäftsbereichs in eine übergeordnete Instanz zur Wertverbesserung bei? Andrew Campbell, Michael Goold und Marcus Alexander haben 1995 dazu den Begriff *Parenting Advantage* eingeführt und untersucht, unter welchen Voraussetzungen die Integration eines neuen Unternehmensbereichs in eine bestehende Konzernorganisation gelingt. Ihrer Meinung nach kann die übergeordnete Organisation einen wertschaffenden Beitrag leisten, indem sie die Zentralfunktionen effizienter ausführt, Kapital bereitstellt, Umsatzsynergien schafft und sowohl Planungsprozesse wie auch betriebliche Entscheidungen professionalisiert. Die Voraussetzung dazu sehen die Autoren darin, dass die Erfolgsfaktoren des neuen Geschäfts zu den *Parent Characteristics* des Konzerns passen, die sich ihrerseits aus Kultur, Fähigkeiten, Strukturen und Prozessen zusammensetzen.

Die Erfolgsfaktoren von NFT und CSS scheinen mit den geschäftlichen Charakteristika der Advanced Premium Goods jedoch wenig zu tun zu haben; schließlich basiert deren Erfolg vor allem auf der technischen Weiterentwicklung der Produkte und dem hohem Qualitätsanspruch, was beides gewöhnlich zentral gesteuert wird. Der Erfolg der NFT hingegen hängt in erster Linie von niedrigen Kosten und einfachen Produkten ab und verlangt darüber hinaus, dass die Entwicklungs- und Produktverantwortung in die Zielmärkte verlagert wird. Und der wichtigste Erfolgstreiber der CSS liegt in der Zusammenarbeit mit dem Kunden, sowohl vor als auch während der Realisierung des Projekts, wobei diese Zusammenarbeit erfordert, dass die bei den Advanced Premium Goods übliche personelle Trennung von Vertriebs- und Produktionsverantwortung aufgehoben wird. Nach der Logik von Campbell, Goold und Alexander wäre es deshalb nicht erfolgversprechend, CSS- und NFT-Geschäfte eng in eine von Advanced Premium Goods geprägte Organisation einzubinden und deren Management als Leitung für die neuen Bereiche einzusetzen. Andererseits haben wir jedoch gezeigt, dass die neuen Bereiche auf Unterstützung angewiesen sind, insbesondere was den Transfer von Know-how angeht. Insofern ist auch ihre größtmögliche Eigenständigkeit nicht immer die beste Alternative.

Eine Möglichkeit, dieses Dilemma zu bewältigen, bietet das Konzept der *Ambidextrous Organization*, das Charles O'Reilly und Michael Tushman 2004 in der *Harvard Business Review* vorgestellt haben (O'Reilly und Tushman 2004). Eines ihrer Beispiele bezieht sich auf die Eingliederung eines online-basierten Nachrichtendienstes in die Tageszeitung *USA Today*. Wegen der Kulturunterschiede zwischen Print- und Internetmedium ließ das Management die beiden Bereiche zunächst unabhängig voneinander agieren. Doch der wirtschaftliche Erfolg beider Segmente ließ eindeutig zu wünschen übrig und das Verhältnis zueinander war eher kompetitiv als kooperativ. Im Jahr 2000

erweiterte der damalige Präsident von *USA Today*, Tom Curley, das
Produktportfolio noch um einen TV-Nachrichtensender, führte jedoch
gleichzeitig neue Regeln ein. Dabei gewährte er den drei Geschäftsbereichen hohe Eigenständigkeit bei Organisations- und Prozessent-
scheidungen und der Auswahl von Personal und Standort. Allerdings
führte er auch ein Anreiz-System ein, das die bereichsübergreifende
Unterstützung und den Personalaustausch zwischen den Bereichen
forcierte. Darüber hinaus verlangte er, dass das Top-Management aller drei Bereiche eng zusammenarbeitete. Ihre Vertreter wurden zu
täglichen Treffen einberufen, um die Synergien zu nutzen, die sich
vor allem durch die Nachrichteninhalte ergaben. Die variable Entlohnung dieser Manager machte er von dem gemeinsamen Erfolg aller
drei Segmente abhängig, der sich dann auch tatsächlich einstellte.

Bei den für uns relevanten Unternehmen liegen die Synergiepotenziale vor allem im technologischen Bereich. Wenn diese Potenziale trotz der Unterschiede zwischen Advanced Premium Goods, NFT
und CSS genutzt werden, können sich für die einzelnen Geschäfte
Wettbewerbsvorteile ergeben. Damit ist nicht nur der Wissenstransfer
von den Advanced Premium Goods in die neuen Geschäftsbereiche
gemeint. Spätestens wenn NFT und CSS eine solide Geschäftsbasis
haben, sollte dieser Austausch auf Gegenseitigkeit beruhen. Das setzt
jedoch voraus, dass bei NFT an innovativen technischen Lösungskonzepten gearbeitet wird, die auch den Advanced Premium Goods Impulse geben können. Gleiches gilt für CSS, mit deren Hilfe wertvolle
Einblicke in die Herausforderungen beim Kunden und die Schnittstel-
len von Advanced Premium Goods zu anderen technischen Systemen
gewonnen werden können.

Natürlich sollte ein in mehreren Märkten tätiger Konzern auch die
Synergiepotenziale *innerhalb* der NFT- und CSS-Angebote nutzen.
Bezogen auf NFT hat Siemens deswegen in der Münchner Konzern-
zentrale eine Gruppe eingerichtet, die die inzwischen über hundert
NFT-Initiativen konzernübergreifend koordiniert. Intern heißt sie
SMART (simple, maintenance-friendly, affordable, reliable, und *ti-
mely-to-market)*. Diese Gruppe bündelt NFT-relevante Marktinformationen, forciert den Wissenstransfer zwischen den jeweiligen Ingenieuren und Managern und steht ihnen beratend zur Seite. Sie trägt
allerdings keine wirtschaftliche Ergebnisverantwortung und hat keine Weisungsbefugnis gegenüber den operativen Geschäftseinheiten.
Noch hält die Konzernleitung daran fest, die obersten Führungsebe-

nen produktorientiert beziehungsweise nach technologischen Anwendungsfeldern zu strukturieren. Doch es werden bereits immer mehr CSS- und NFT-Geschäftsbereiche auf vierter Konzernebene angesiedelt und können somit bei Personal- und Investitionsentscheidungen relativ eigenständig vorgehen. Dabei hängt es bei großen Unternehmen üblicherweise von der Umsatzentwicklung einer Gruppe ab, auf welcher organisationalen Ebene sie positioniert wird. Wenn Siemens die ehrgeizigen Umsatzziele in den CSS- und NFT-Bereichen in den kommenden Jahren erreichen kann, wird es somit nur eine Frage der Zeit sein, wann entsprechende Umstellungen der Unternehmensorganisation auch auf den obersten drei Ebenen stattfinden werden.

Zudem wird das Wachstum von NFT und CSS Auswirkungen auf die regionalen Niederlassungen haben. Im dritten Kapitel wurde darauf hingewiesen, dass westliche Technologie-Unternehmen bei NFT-Geschäften die Führungsverantwortung aus den Zentralen in die Schwellen- und Entwicklungsländer verlagern sollten. Diese Verschiebung der Machtstrukturen läuft parallel zur Erhöhung der Mitarbeiterzahlen in den neuen Wachstumsmärkten, die durch den Ausbau der CSS noch forciert wird.

Mit weiterem Umsatzwachstum und der Umgestaltung der Unternehmensorganisation ändert sich auch die Rolle der Zentrale. Die wachsende Komplexität der Organisation erschwert es den Konzernzentralen zunehmend, Einblick in die Geschäfte einzelner Bereiche zu erhalten. Dadurch wirkt ihre Einflussnahme immer weniger sinnvoll beziehungsweise wird es schwieriger, einen Parenting Advantage zu erzeugen. Stattdessen werden sich die Zentralen global wachsender Konzerne künftig mehr damit beschäftigen, die geeigneten Rahmenbedingungen für ihre neuen Bereiche zu schaffen. Dabei wird ein Punkt an Bedeutung gewinnen, der in der Managementliteratur bislang nur selten erwähnt wird, nämlich die Einflussnahme der Unternehmen auf die politischen Entscheidungen eines Landes oder einer Region.

5.4 Politische Perspektiven

Oft wird beklagt, dass die Regierungen der Welt der wirtschaftlichen Globalisierung ohnmächtig zusehen müssten. Vor allem die multinationalen Unternehmen stehen dabei im Mittelpunkt der Kritik, die be-

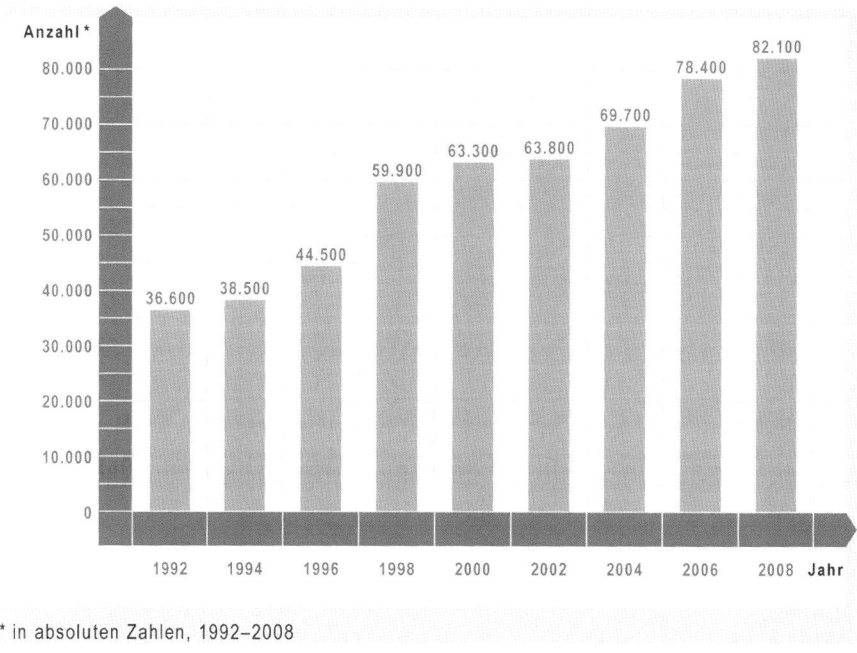

* in absoluten Zahlen, 1992–2008

Abb. 5.5 Anzahl multinationaler Unternehmen. (Quelle: Bundeszentrale für politische Bildung (2010). Globalisierung. URL: www.bpb.de[02.07.2011]. (Gemäß UNCTAD: World Investment Report, verschiedene Jahre)

hauptet, für die Unternehmen gelte das Primat der Politik nicht. Eines ist sicher richtig: Die Bedeutung transnationaler Unternehmen für die Weltwirtschaft hat seit den achtziger Jahren zugenommen. Ihre Investitionen, Umsätze und die Zahl der Beschäftigten im Ausland sind gestiegen. Die Auslandsumsätze der Tochtergesellschaften sind zudem schneller gewachsen als die globalen Exporte (Abb. 5.5).

Volkswagen mag mit seinem weltweiten Slogan „Das Auto" zwar noch eine bestimmte deutsche Tradition unterstreichen wollen, doch angesichts der Produktionsstätten in derzeit über 20 Ländern ist der Großteil der Wagen keineswegs mehr „Made in Germany". Auch die Mehrheit der Mitarbeiter kommt nicht mehr aus Deutschland.

Die nationale Zugehörigkeit solcher Konzerne verschwimmt also zunehmend, nur dass Politik, Medien und Öffentlichkeit diesen Entwicklungen nicht folgen. Im öffentlichen Bewusstsein gelten Volkswagen, Daimler und Siemens noch immer als deutsche Unternehmen; General Motors, IBM und General Electric als amerikanische. Diese Wahrnehmung wird durch das Land der Unternehmensgründung, die nationale Eigentümerstruktur und die Nationalität der Vorstände geprägt. Schon 1990, noch bevor er Arbeitsminister in der Regierung Bill Clintons wurde, hatte Robert Reich in seinem Artikel „Who Is Us" in der *Harvard Business Review* darauf hingewiesen, dass solche Indikatoren in die Irre führen (Reich 1990). Es müsse bei der nationalen Einordnung eines Unternehmens vielmehr darum gehen, in welchem Land welche Wertschöpfung erbracht wird. Ein Unternehmen mit Aktionären und Management aus den USA, das im Ausland forscht und produziert, sei weniger amerikanisch als ein Unternehmen, bei dem Unternehmensleitung und Eigentümer ausländisch sind, dessen wertschöpfende Aktivitäten jedoch überwiegend in den USA stattfinden.

Wie schwer es der Politik fällt, sich auf die Strukturen globaler Unternehmen einzustellen, kann unter anderem an der Verteilungspraxis von Fördermitteln abgelesen werden. Unternehmen in Deutschland, die staatliche Unterstützung für Forschung beantragen – 2010 waren es über 22 Mrd. Euro –, müssen die Projekte in Deutschland durchführen und „verwerten". Für kleinere und mittlere Technologie-Unternehmen, deren Mitarbeiter in Deutschland tätig sind, ist diese Regelung kein Problem. Im Hinblick auf einen Konzern wie Volkswagen hingegen, der mit seinen Tochterunternehmen 2011 von der Bundesrepublik bei 69 Projekten mit über 80 Mio. Euro gefördert wurde, bedarf es einer großzügigen Auslegung der Richtlinien; denn man kann sich kaum vorstellen, dass die Forschungsergebnisse über Batteriezellen-Designs für CO_2-arme Automobile später nicht auch in den mehrheitlich ausländischen Standorten des Konzerns verwertet werden.

Ihr Wachstum verschafft globalen Konzernen größere politische Einflussmöglichkeiten, weil sie über immer höhere Investitionsbudgets und immer mehr Arbeitsplätze entscheiden können. Zudem gibt ihnen die Internationalisierung mehr Optionen zu wählen, wo sie sich niederlassen und welchem Staat sie die Vorteile dieser Entscheidungen zukommen lassen. Das wird besonders deutlich, wenn mehrere Staaten um die Gunst eines Konzerns werben. Als Volkswagen vor einem Jahr den Standort für ein neues Werk in Osteuropa suchte und die Slowakei, Rumänien und Ungarn in Frage kamen, boten die drei Staaten unter anderem auch steuerliche Anreize, wie eine befristete Befreiung von der Körperschaftssteuer. Dazu passt, dass die Unternehmenssteuersätze global generell gesunken sind; in der EU von 38 % im Jahr 1993 auf 23 % im Jahr 2010.

Diese Steuersenkung kann als Indikator für den zwischenstaatlichen Wettbewerb gesehen werden, den Globalisierungsgegner als *Race to the Bottom* bezeichnen. *When Corporations Rule the World* heißt das Buch des amerikanischen Autors und Globalisierungsgegners David Korten, das 1995 erschienen ist und in dem das weltweite Wachstum multinationaler Konzerne als bedrohlich dargestellt wird (Korten 1995). 1996 veröffentlichten Sarah Anderson und John Cavanagh vom Institute for Political Studies in Washington, D.C. ihre Studie, nach der zu den weltweit 100 größten Wirtschaftssystemen 51 globale Konzerne und 49 Staaten gehören (Anderson und Cavangh 1996). 2001 wurde die Untersuchung wiederholt und führte zum gleichen Ergebnis, nur dass sich die Namen der 51 Unternehmen geändert hatten. Diese Ergebnisse gaben den Medien Anlass zu melden, dass Ford wirtschaftlich größer sei als Südafrika und Walmart größer als 161 Staaten dieser Welt.

Doch gerade das Heranziehen der Ergebnisse von Anderson/Cavanagh zeigt, dass diese Auseinandersetzung genauer Analyse und differenzierter Betrachtungsweise bedarf. Denn in ihrer Studie wurden die Umsatzgrößen der Unternehmen mit dem Bruttosozialprodukt der Staaten verglichen, ein problematisches Vorgehen, denn in Erstere gehen gekaufte Vorleistungen ein, in Letztere nicht. Würde man nur die Wertschöpfung eines Unternehmens wie Walmart betrachten und von dem erzielten Umsatz die Kosten gekaufter Waren abziehen, wäre der Vergleich mit den Volkswirtschaften weit weniger spektakulär.

Dem Steuerargument der Race to the Bottom wiederum könnte entgegengehalten werden, dass die Summe der von Unternehmen gezahlten Gewinnsteuern laut OECD gestiegen ist, auch im Verhältnis zum Bruttoinlandsprodukt. Gegen die globale Bedrohung durch Konzerne ließe sich anführen, dass politische Institutionen sich deren Interessen durchaus entgegenstellen, sehr massiv sogar, wenn es um Verstöße gegen das Wettbewerbsrecht geht. Intel wurde aus diesem Grund 2009 zu einer Strafzahlung von über einer Milliarde Euro verpflichtet; die US-Börsenaufsicht verlangte von Siemens wenige Monate zuvor 800 Mio. US-Dollar. Politische Institutionen haben dafür gesorgt, dass Energie- und Telekommunikationskonzerne in den Industrieländern ihre Netze Wettbewerbern zur Verfügung stellen und den Verkauf von Umweltzertifikaten zur Reduktion industrieller Schadstoffemissionen durchgesetzt. Wettbewerbsbehörden bieten dem Wachstum von

Konzernen Einhalt, indem sie Zusammenschlüsse von Unternehmen verbieten. Beispielsweise untersagte die EU-Kommission 2001 die Fusion von General Electric und Honeywell, wohlgemerkt zwei amerikanischen Technologie-Unternehmen; auf nationaler Ebene verhinderte das deutsche Kartellamt 2008 die geplante Verschmelzung von TÜV Rheinland und TÜV Süd. In jüngster Vergangenheit fühlten sich insbesondere chinesische Konzerne durch politische Interventionen in ihrem Globalisierungsbestreben eingeschränkt. So wurden in den USA mehrfach Versuche des Technologie-Konzerns Huawei vereitelt, sich durch Zukauf von Unternehmen wie 3Com oder 3Leaf zu vergrößern; ähnliche Erfahrungen hat Huawei mit den Kartellbehörden in Großbritannien und Indien gemacht.

Während die Machtverteilung zwischen Staat und Unternehmen in den westlichen Industrienationen strittig ist, steht sie in China außer Frage. Dort sind die größten Betriebe des Landes, trotz der steigenden Zahl privater Unternehmen, in staatlicher Hand. Nach den Zahlen der chinesischen Industrie- und Handelskammer, die die Nachrichtenagentur Xinhua 2011 verbreitete, überstieg der Gewinn der beiden Staatsbetriebe China Mobile und Sinopec im Jahr 2009 den der 500 größten Privatunternehmen des Landes. Von den mehr als 1,4 Billionen US-Dollar an Krediten, die Chinas Banken 2009 zur Stützung der Wirtschaft vergaben, gingen nur zehn Prozent an private Unternehmen. Aber auch ohne Eigentümerschaft kann die chinesische Regierung Einfluss auf Privatunternehmen ausüben. Das Gleiche gilt für ausländische Konzerne, die sich in China niederlassen. Volkswagen ist eines von zahlreichen Beispielen, denn in China machte der Konzern mit den staatlichen Stellen andere Erfahrungen als zuvor in Osteuropa. So plante VW in der südchinesischen Stadt Foshan einen neuen Produktionsstandort, um auf dem inzwischen größten Automarkt der Welt die Nachfrage besser bedienen zu können. Mit dem Bau des VW-Werks sollte 2010 begonnen werden. Allerdings sträubte sich die Unternehmensführung in Wolfsburg zunächst gegen den Wunsch der politischen Führung Chinas, dass Volkswagen mit chinesischen Partnern eine Fahrzeugmarke entwickele, die die chinesische Elektromobilität forciert, das intellektuelle Eigentum an diesem Produkt jedoch in China lässt. Weil Volkswagen sich weigerte, wurde, laut *manager magazin*, die staatliche Genehmigung zum Bau des Werks in Foshan nicht erteilt. Anfang 2011 ließ Karl-Thomas Neumann, der Präsident und CEO der Volkswagen-Gruppe China, dann erklären, Volkswagen plane mit dem chinesischen Partner FAW unter der Bezeichnung *Kaili* eine gemeinsame Marke für Elektroautos. Informationen des Unternehmens zufolge lagen die notwendigen Baugenehmigungen für Foshan im Frühjahr 2011 vor.

Auch wenn China den westlichen Regierungen nicht als Vorbild dienen mag, haben sie jedoch ebenfalls versucht, ihre Machtposition den privaten Unternehmen gegenüber zu stärken. Anlass dazu war die Wirtschaftskrise 2008/2009, in der eine Reihe von Unternehmen auf staatliche Beihilfe angewiesen war, deren Gewährung die Regierungen vielfach mit der Übernahme von Eigentumsrechten verbanden. In Europa wurde diese Entwicklung von Frankreich angeführt. Über den Fonds Stratégique d'Investissement (FSI) beziehungsweise die Staatsbank Caisse des Dépôts et Consignations (CDC) ist der französische Staat mittlerweile direkt oder indirekt an über 250 Firmen beteiligt. Renault und Air France-KLM gehören zu den Unternehmen, in deren Verwaltungsrat die Anzahl der Regierungsvertreter erhöht wurde. An diesem Zustand hat sich auch nach der Krise nichts mehr geändert.

Die politische Einflussnahme ergibt sich aber nicht nur aus der finanziellen Beteiligung an Unternehmen. Das Beispiel China zeigt, dass sich die politische Macht gegenüber Konzernen vorrangig aus der Größe des Marktes speist, den eine Regierung kontrolliert. So gesehen wird es für Europa sinnvoll sein, sich enger zusammenzuschließen, um seine politischen Institutionen gleichermaßen zu stärken. Bei wettbewerbsrechtlichen Fragen hat sich bereits gezeigt, dass Entscheidungen auf europäischer Ebene mehr bewirken als auf nationaler. Notwendig ist darüber hinaus die intensivere Zusammenarbeit in anderen Wirtschaftsbereichen, etwa in der Steuerpolitik.

Um den globalen Strukturen großer Konzerne gerecht zu werden, müsste die politische Macht jedoch auch auf globaler Ebene gestärkt werden. Zwar gibt es Institutionen wie die World Trade Organization und den Internationalen Währungsfonds (IWF), aber wie die Krise 2007 gezeigt hat, sind deren Einflussmöglichkeiten auf Unternehmen wie auch Regierungen gering.

Eine ganz andere Denkrichtung läuft darauf hinaus, dass politische Macht im herkömmlichen Sinn unzeitgemäß ist, zumindest wenn man Parag Khanna folgt, der 2011 in *Wie man die Welt regiert* ein Konzept zur Steuerung der Welt vorstellte, in dem die traditionellen politischen

Institutionen keine wesentliche Rolle mehr spielen (Khanna 2011). Stattdessen prognostiziert er, dass die Gesellschaftsentwicklung weltweit durch ein dynamisches Netzwerk vielfältiger Interessengruppen bestimmt werden wird. Dabei werde auch multinationalen Unternehmen mehr Gewicht zukommen, was sich mit unserer Erwartung deckt, dass die Zentralen großer Konzerne ihre Aufgabe zunehmend in der Ausübung gesellschaftspolitischen Einflusses sehen. Gleichzeitig wird nach Khanna den Non-Governmental Organizations wie Transparency International oder dem Environmental Defense Fund eine weltweit wachsende Bedeutung zukommen, ebenso wie großen Wohltätigkeitsverbänden, Religionsgemeinschaften und vielen weiteren, lose im Internet organisierten Interessengruppen. Moderne Kommunikationstechnologien erlauben es ihnen, sich über alle Grenzen hinweg zu organisieren, Zugang zu einer globalen Öffentlichkeit zu gewinnen und so Druck auf Unternehmen und Staaten auszuüben. Vor diesem Hintergrund erwartet Khanna eine Renaissance des intellektuellen Humanismus, der sich in globalem Maßstab entfalten wird.

Indikatoren für eine solche Entwicklung sind vorhanden, deren langfristige Extrapolation in Khannas Sinn ist jedoch fraglich. Die Geschichte hat gezeigt, dass das Streben nach Wohlstand immer wieder zu Spannungen und Konflikten geführt hat, die für intellektuellen Humanismus dann keinen Platz ließen. Angesichts der zunehmenden Weltbevölkerung und knapper werdenden Ressourcen können ernste Konflikte globalen Ausmaßes für die Zukunft nicht ausgeschlossen werden. Spätestens wenn sie zu militärischen Auseinandersetzungen führen, wird es wieder zu einer Reaktivierung des politischen Einflusses auf die Konzerne kommen. Globalisierte Unternehmensstrukturen, die heute Vorteile versprechen, werden in einem solchen Fall dann wieder in Frage gestellt werden.

5.5 Kernaussagen

- Wenn Unternehmen mit Advanced Premium Goods, CSS und NFT auf unterschiedlichen Märkten tätig sind, ist Führung eine Frage der Unternehmensstrategie.
- CSS und vor allem NFT führen zur Erhöhung des Marktpotenzials und Unternehmenswachstum. Das Angebot der Advanced Premium

Goods durch CSS und/oder NFT zu ergänzten, fällt großen Unternehmen leichter als dem Mittelstand.

- Um auf den sich global konsolidierenden Märkten eine führende Rolle zu spielen, müssten Technologie-Unternehmen aus den Entwicklungs- und Schwellenländern die kulturellen Eigenschaften revidieren, die sie bisher starkgemacht haben.
- Wenn ein Unternehmen verstärkt CSS und/oder NFT einführt, ist AmbidextrousOrganization ein geeigneter Ansatz, um den einzelnen Gruppen die gewünschten Wissenssynergien zu ermöglichen.
- Bei wachsender Unternehmensgröße und Internationalität ist der politische Einfluss für einen Konzern ein zunehmend wichtiger *Parenting Advantage*.
- Die steigende Macht globaler Konzerne führt in westlichen Ländern dazu, die Machtposition politischer Institutionen zu verstärken, wobei hierfür staatenübergreifende Gemeinschaften zu bilden sind.
- Die Strukturen globalisierter Konzerne werden wieder in Frage gestellt werden, falls es zu politischen oder gar militärischen Konflikten globalen Ausmaßes kommt.

Weiterführende Literatur

Anderson S, Cavanagh J (1996) Corporate empires. Multinational Monitor 17(12)

Black JS, Morrison AJ (2010) The globe: a cautionary tale for emerging market giants. Harv Bus Rev 88(9):99–105

Campbell A, Goold M, Alexander M (1994) Corporate level strategy. Wiley, Hoboken

Deans GK, Kroeger F, Zeisel S (2002) Winning the merger endgame: a playbook for profiting from industry consolidation. McGraw-Hill, New York

Gu FF, Hung K, Tse DK (2008) When does guanxi matter? J Mark 72(4):12–28

Khanna P (2011) Wie man die Welt regiert. Eine neue Diplomatie in Zeiten der Verunsicherung. Berlin Verlag, Berlin

Korten DC (1995) When corporations rule the world. Kumarian, West Hartford

Kroeger F, Andrej V, Michael M (2008) Beating the global consolidation endgame. McGraw-Hill, New York

Nayar V (2010) Employees first, customers second: turning conventional management upside down. Mcgraw Hill Professional, Watertown

O'Reilly CA III, Tushman ML (2004) The ambidextrous organization. Harv Bus Rev 82(4):74–81

Porter ME (1996) What is strategy? Harv Bus Rev 74(6):61

Reich R (1990) Who is us? Harv Bus Rev (Januar/Februar):2–12

Sheth J, Sisodia R (2002) The rule of three. Surviving and thriving in competitive markets. Free Press, New York

Simon H (2007) Hidden Champions des 21. Jahrhunderts: Die Erfolgsstrategien unbekannter Weltmarktführer. Campus, Frankfurt a. M.

Yang Z, Wang CL (2011) B2B marketing in a guanxi context: theoretical development and practices. Ind Mark Manag 40(4):489–491

Stichwortverzeichnis

3Leaf, 143

A

ABB, 34
Accenture, 90
Accor, 52, 127
Advanced Premium Goods, 34, 36, 51, 70, 99
AEG (Allgemeine Elektricitäts-Gesellschaft), 10
After-Sales-Service, 51, 67
Air France-KLM, 144
Airbus, 18, 90
Akquisitionsprozess, 111
Aktiengesellschaft, 5
Alcatel, 120
Alstom, 34
Ambidextrous Organization, 137
Anbieter-Kunden-Beziehung, 110
Angebotserstellung, 88
Anreiz-System, 138
Ansoff, Harry Igor, 26
Ansoff-Matrix, 36
Apple, 28, 36
Astrium, 98
Audit, 120
Aufzugsbranche, 67

B

B2B-Industrie, 53
B2B-Unternehmen, 78
Bedarfsanalyse, 87
Beförderungssystem, 114
Beratungsdienstleistung, 87
Beratungsgeschenk, 120

Beratungsunternehmen, 42, 93
Beschaffung, 58, 87
Beurteilungs- und Wahrnehmungs-fehler, 15
Bold Retreat, 56
Bosch, 13, 35, 76
Boston Consulting Group, 42, 93, 111, 117
Brand-Stretching, 73, 82
BRIC-Staaten, 11, 48
Bruttoinlandprodukt, 12, 37
Business-to-Business-Märkte (B2B), 19
BYD, 59

C

Carl Zeiss, 28
Cerberus, 49, 59, 70
Chandler, Alfred, 26
CKD(Completely Knocked Down)-Teile, 55
Co-Creator, 103
  of Value, 104
Complex Service Solutions (CSS), 43, 85, 94
Consultative Selling, 106
Consulting, 112
Containerkran, 2
Controller, 62
CSS-Geschäftsmodell, 100

D

Daimler, 11, 140
De-featured Premiums, 53, 56

O. Plötner, *Counter Strategies im globalen Wettbewerb,*
DOI 10.1007/978-3-642-28138-9,
© Springer-Verlag Berlin Heidelberg 2012

Printed by Printforce, the Netherlands